[美] **蒂姆·哈福德** Tim Harford 著

[英] **奥利·曼** Ollie Mann 绘

探知真相的
系统思维

如何观察、判断与表达

THE TRUTH
DETECTIVE

HOW TO MAKE SENSE OF A WORLD THAT DOESN'T ADD UP

中国青年出版社

图书在版编目（CIP）数据

探知真相的系统思维：如何观察、判断与表达 /
(美) 蒂姆·哈福德著；彭相珍译；(英) 奥利·曼绘.
北京：中国青年出版社，2025. 1. -- ISBN 978-7-5153-
7528-1

Ⅰ. N94

中国国家版本馆CIP数据核字第2024UN2572号

探知真相的系统思维：如何观察、判断与表达

作　　者：〔美〕蒂姆·哈福德

绘　　者：〔英〕奥利·曼

译　　者：彭相珍

责任编辑：高　凡

美术编辑：佟雪莹

出　　版：中国青年出版社

发　　行：北京中青文文化传媒有限公司

电　　话：010-65511272 / 65516873

公司网址：www.cyb.com.cn

购书网址：zqwts.tmall.com

印　　刷：大厂回族自治县益利印刷有限公司

版　　次：2025年1月第1版

印　　次：2025年1月第1次印刷

开　　本：787mm×1092mm　1/16

字　　数：70千字

印　　张：12

京权图字：01-2023-2832

书　　号：ISBN 978-7-5153-7528-1

定　　价：49.90元

版权声明

目录

第一部分：
如何培养探知真相的系统思维

第二部分：
探知真相应掌握的各项技能

第三部分：
如何破解谜题

导语：如何获得探知真相的必备工具

这本书想要教会你如何清晰地看待这个世界，很显然，你已经想得很清楚，因为你做了一个非常明智的决定：购买并阅读这本书。但我仍希望本书提供的信息，能够让你的大脑变得更加智慧。

我们现在生活的世界，可能会令人感到十分魔幻，因为人们看似说了很多真话，但其实不然；有时候人们又说出一些匪夷所思的东西，看起来绝不可能是真的，却恰恰被证明是真的。

我们要学会的就是辨别真伪，就像侦探那样，但这本书所说的"真相侦探"的任务，并非抓捕凶手或破解密码，而是追寻世间万事万物的真相。

关于什么事情的真相呢？类似下面这样的事情：

🌙 如果你的父母认定《我的世界》（Minecraft）这款游戏会导致你玩物丧志，沦为犯罪分子，你该怎么做？

🌙 一头正在拉屎的牛，要如何预测未来？

拥有多少零花钱才算多？

 你认为出现什么场景会更好？是一头站在巴士旁边的霸王龙，还是看到一堆一望无际、绵延到太空的现金？

 如果有人给你看一张跳舞精灵的照片，你会怎么想？

但找出事情的真相并非易事，即使最睿智的人可能也会因为一叶障目而被愚弄（如果你不相信这个结论，不妨继续往下看，你将在后文中看到，即使是塑造了全球最知名侦探夏洛克·福尔摩斯这一形象的作者，也曾被愚弄的故事[1]）。因为掩盖真相的方法可谓层出不穷，且永远有一些卑鄙者，想要不惜一切代价地掩盖真相（这本书也同样会帮助你识别这些卑鄙者。）

英雄与反派

在这本书中，你将见到不同类型的英雄和反派。有些是来自小说或电影的角色；有些则是现实生活中的人物。请密切注意他们的言行举止，因为想要打败反派，你就需要付出比他/她更多的专注力。如果你能够保持足够的警惕，也将从英雄们身上学到很多东西！

---

[1] 我认为福尔摩斯是我最喜欢的侦探，虽然这可能是因为我第一次看到夏洛克·福尔摩斯，是在一部电视剧中，他由扮演《神秘博士》（*Doctor Who*）的演员出演，所以我总是把夏洛克·福尔摩斯和神秘博士搞混，尽管两者都是英雄一般的存在。

真相侦探

达斯·维德
(DARTH VADER)

我们的第一位真相侦探英雄是达斯·维德，西斯帝国的黑暗尊主，来自《星球大战》（Star Wars）电影，原名阿纳金·天行者，也是绝地的灾难、原力黑暗面的大师和皇帝最信任的臣仆之一。他可能看起来与常见的英雄不一样，因为他是电影中最可怕的反派之一。但即使是大反派，也能给出好的建议，达斯·维德确实给了天行者卢克一个非常好的建议："寻找你的感觉。"因为我们的感觉会告诉我们相信什么，或拒绝相信什么。这本书会给你很多技巧和想法，帮助你弄清什么是真的，但如果你不关注自己的感觉，不注意它们何时影响你的理解和判断，那么拥有再多的技巧和想法也是白搭。

电影、书籍和电视节目中塑造的许多著名侦探形象，都有自己独特的造型。让我们来认识他们，并尝试他们的一些标志性的伪装。

赫尔克里·波洛（Hercule Poirot），阿加莎·克里斯蒂所著系列侦探小说中的主角，一名比利时侦探，无论外表还是性格都十分独特，鲜明易认，留着相当漂亮的小胡子，当然这并不适合所有人。不过，小胡子很适合捻转胡须这个思考动作。

卡德法尔神父（Brother Cadfael）是一名神父侦探，这意味着他的突出标识，就是戴着头罩（很酷），身着长道袍（不那么酷），还剃了光头（绝对是一个异于常人的选择）。

同样有着独一无二造型的还有蝙蝠侠，他游走在阴沉、神秘的黑暗社会[1]，自身也亦正亦邪。蝙蝠侠总是身着一件斗篷，脸上戴着一个面具，腰上围着一条多功能腰带，还有一个被称为"蝙蝠镖"（batarang）的回旋镖作为武器，以及一辆用于出行的蝙蝠车。有时候还会选择内裤外穿，这也是相当炫酷的造型了！

当然，你来做真相侦探的时候，可以把所有这些标志性的元素都用上，比如说剃个光头、留着细长的小胡子，或穿上蝙蝠侠的服装。但是，这种造型会不会太引人注目？

卧底的
真相侦探

想想**美眉校探（Veronica Mars）**里女主

---

1 如果将蝙蝠侠看作一个超级英雄，而不是一个侦探，那么就得知道，他两者兼备。蝙蝠侠系列的第一个故事就发表在《侦探漫画》（*Detective Comics*）上。

角的造型。虽然是一个私家侦探，但她的衣着打扮就是日常的着装，符合一个大部分时间都待在学校里的女高中生的形象。

又或者参考**侦探费鲁达（Feluda）**。费鲁达是来自印度孟加拉语地区的私家侦探。他在印度是一个家喻户晓的形象，以至于一种检测冠状病毒的方法，就以他的名字命名为"费鲁达检测法"。但费鲁达自身的形象并不特别，就是一个身材高大、沉默寡言的男子，将自己聪明敏锐的大脑，隐藏在一张看起来非常普通的面孔之后。

小侦探欧杜琳·布朗（Ottoline Brown）堪称伪装大师，事实上，欧杜琳甚至拥有"你是谁伪装学院"（Who-R-U Academy）颁发的伪装证书。欧杜琳是一个优雅的小女孩，总是能够随心所欲地以自己想要的形象出现。（跟许多其他侦探一样，欧杜琳也有一个得力帮手，但与大多数人不同的是，她的跟班门罗先生是一只猫，但它看起来更像一个拖把。）

马普尔小姐（Miss Marple）是个小老太太。她没有弯曲的两撇小胡子，也没有配备一辆蝙蝠车，也从来没人见过她把内裤外穿。因为没有异于常人的造型，人们通常将她当成一个普通的老太太，但她的对手，往往低估了马普尔小姐的实力。（我经常拿这个当借口，常年穿着普通的牛仔裤和开衫，看起来像个书呆子。但这就是我的伪装，我想让对手掉以轻心！）

市面上有很多知名的侦探，你可以从他们身上寻找着装的灵感。但要成为一个优秀的真相侦探，你既不需要像蝙蝠侠那样特殊的装备，也不需要像卡德法尔神父那样精心设计自己的造型。

那么……你需要什么呢？一个放大镜？还是能够显示指纹的粉末？

都不是，你需要的第一样东西，是**数据**！你或许已经知道，数据是一个听起来高级又时髦的词汇，但实际上说的就是各种数字！精明而熟练地处理数字的能力，让你能够对万事万物得心应手。在接下来的第2章里，我们会再回过头来探讨，为什么数字是理解世界的重要工具。

现在，你只需要知道，即使你不想学习和了解数字，数字也会如影随形地跟着你。没错，数字已经从数学课堂上跑出来了，它们已经无处不在！新闻网站上到处都是数字，要么用来吹嘘政治家们的伟大成就，要么用来夸大犯罪、事故或疾病的严重程度。社交媒体上也都是数字，不信你看，每篇帖子都标注了喜欢或分享的人数！

有时候，人们似乎对每个帖子下面的数字更感兴趣，而不关心帖子到底说了些什么。即使是那些看不见的数字，似乎也在塑造我们的世界。谁来决定你在油管（YouTube）或抖音上看到的下一个内容是什么？在背后做推荐的，可不是一个活生生的人，而是数字——所谓的算法，这是根据人们的观看习惯进行的、超级复杂而隐蔽的计算。

算法推送的目标，就是向用户展示一些能够抓住他们的注意力，让他们继续滚动手机屏幕，持续观看的东西。

数字就在我们的身边，如果你想要探知真相，就需要充分了解数字。下面让我给你列举一些例子：

🌙 防止飞机被击落的最佳方法是什么？

🌙 要了解人们如何在极端贫困的环境中生存，关键是什么？

🌙 这个世界上最富有的人，到底多有钱呢？

🌙 图片可以拯救生命吗？数字可以拯救生命吗？那么带有数字的图片，又是否能拯救生命？

本书提供的信息，应该能够帮助你更明智地思考……嗯，几乎所有事情！尽管数字是发掘线索的重要工具，但请放心，这并不是一本专业的数学课本，你不需要先变得擅长数学也可以看懂它，（是不是长舒一口气？）这是因为，如果我们要更清晰地思考数字，我们需要的技巧并不是专门的数学方法，而是任何人都可以学习和掌握的想法和策略，你肯定也能够学会！

秘诀、技巧和工具

真相侦探往往以各种不同的形象和姿态出现，有些人有着标志性的外表（卡德法尔、波洛），有些人擅长伪装和隐藏真实的身份（欧杜琳、蝙蝠侠），还有很多看起来与普通人没什么两样（费鲁达、马普尔小姐、维罗妮卡·马尔斯），而且他们往往是最有效的侦探。要成为高效的侦探，重要的是你的内在，而不是炫酷的外在着装或装备。因此，我们接下来要收集的工具，都是思维层面的工具，它们是能够帮助你解开谜团、避开错误、智取真凶的想法、策略。蝙蝠侠把多功能的腰带当成是各种武器装备的存放器，马普尔小姐把破案需要的所有东西都放在了手提包里。那么你呢？你需要将这些有效的思维工具装在你的脑子里。你可以从下面三个基本的想法入手：

1）首先是数据——也就是各种数字。它们无处不在，测量、计算和影响着我们的世界。如果你想要获得真相，就需要学会从容地处理各种数字，因为数据总是能够提供至关重要的线索！

2）充分思考。成功地捕捉真相并不要求你运行晦涩难懂的数学公式，而是要求你能够深思熟虑、富有想象力和愿意跳出那些显而易见的结论，去探寻隐藏的线索。

3）最重要的是正确的态度。没有正确的态度，哪怕是这个世界上最聪慧的人，知识最渊博的人，也可能会掉进错误的陷阱，并错得离谱。

因此，让我们从正确的态度开始。很多人认为，只有聪明的人才能够明辨是非、搞清对错。这种说法或许是对的，但在我看来，保持冷静的头脑更为重要。想知道我为什么这么说？让我们努力破解第一个案件吧，这一次与我们并肩作战的是大名鼎鼎的侦探夏洛克·福尔摩斯（Sherlock Holmes）。

SECTION ONE

第一部分

?

?

?

?

如何培养探知真相的系统思维

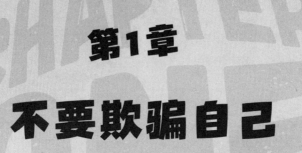

第1章

不要欺骗自己

DON'T FOOL YOURSELF

柯亭立精灵（Cottingley Fairies）的
灵异事件

大约一百年前，一位名叫阿瑟的著名作家，收到了一封令人惊奇的来信。信中说了一件怪异又神奇的事情：来自英格兰北部约克郡的两个小女孩，在自家的花园附近拍照时，

拍下了精灵的照片。

阿瑟看了一眼照片。照片很美：一个九岁的女孩（她的名字叫弗朗西斯）对着镜头微笑，周围有四个长着翅膀的女性小人。这张照片是她的表姐埃尔西（Elsie）帮她拍的。阿瑟为此专门写了一本书，解释说这么是一个"精心设计的骗局"，要么是一个将重新定义人类历史的真实事件。

所以……现在你是真相侦探了。
到底是真的存在精灵，
还是一个障眼法或者骗局？
你需要作出判断。

这些都是非常老式的照片，远不像现代可以用手机拍摄、编辑的照片。在那个时候，要伪造一张照片，需要用笔在底片上修改，或进行一些技术含量很高的高难度操作。所以人们倾向于认为，伪造照片不是两个小女孩能够完成的任务。

但同时，人们也很难相信花园森林里真的存在精灵。

那么，这两个女孩是真的拍到了来自奇幻世界的精灵，还是以某种方式伪造了照片？

我们需要先找到一些线索。伟大的侦探夏洛克·福尔摩斯曾解释过自己的"观察和推理"破案方法，即先寻找线索，然后思考。

观察：除了当事人弗朗西斯和埃尔西，没有人见过精灵，这些照片都是在大人不在场的时候拍的。

推理：其他人没见过精灵，或许是因为精灵们非常害羞，但也可能她们根本不存在。

观察：摄影专家认为这些照片是伪造的，但他们不确定到底使用了什么方法来伪造。

推理：也许专家们被精灵的魔法迷惑了，但更有可能的是，这些照片就是一些糊弄人的小把戏。

观察： 因为早期摄影技术不够发达，任何移动的东西在照片上都会显得模糊不清。在这张拍到了弗朗西斯和那些跳舞精灵的照片中，尽管她身后的流动的瀑布完全模糊不清，但跳舞的精灵却清晰可见。

推理： 由此推论，这些精灵在拍摄时并未移动，就说明她们要么是剪纸做成的，要么是画在照片上的。

观察： 弗朗西斯的表姐埃尔西不是一个9岁的女孩。她已经16岁了，并且专攻艺术专业的学习。埃尔西的老师表示，她在绘制和裁剪精灵图像方面表现得尤为优异。她还在一家摄影工作室工作……这为她提供了在照片拍摄完毕后操作修改的便利条件。

推理： 埃尔西具备了伪造照片的技术能力和装备。

所有这些都是有用的线索。那么……你的猜测是什么？你可能在想，这些照片很有可能是伪造的，对吧？情况十分可疑，这些照片有着非常明显的伪造痕迹。尽管埃尔西年龄不大，但考虑到她在艺术方面的天赋，以及拍摄、冲洗照片的副业，她完全具备了伪造的能力和技术。

如果这就是你的想法，我表示认同，但阿瑟有着不同的看法，他坚定不移地相信精灵是真实存在的，这就很奇怪了！

更令人感到违和的是，这位阿瑟就是阿瑟·柯南·道尔（Arthur Conan Doyle）爵士，也就是福尔摩斯系列侦探书籍的作者！夏洛克·福尔摩斯是超常推理和逻辑的完美象征，是有史以来最著名的侦探。如果说哈利·波特（Harry Potter）是魔法师的代表，超人（Superman）是超级英雄的代表，那么夏洛克·福尔摩斯就是完美侦探的代表。而阿瑟爵士正是夏洛克·福尔摩斯的创造者，他还是一位摄影专家！然而，为什么两个孩子玩闹一般的小把戏，却能够愚弄了智慧的阿瑟爵士，令他相信精灵是真实存在的？

这一切是如何发生的？身为真相侦探，它能够告诉我们什么道理呢？

你会发现，阿瑟爵士被自己的情绪欺骗了！要知道，阿瑟爵士当时情绪极为低落，因为他的妻子很年轻就去世了，他的兄弟和儿子都死于1918年的大流感疫情。他在内心假设，如果自己的亲人并没有真正的死去呢？如果他们在肉体消亡之后，仍以某种方式活着，仍然在注视着自己的生活呢？而且，如果阿瑟爵士能够找到正确的方法，或许就能够与来自另一个世界的亲人们沟通呢？（这些与神灵交谈的信念，对现代人来说不亚于天方夜谭，但当时的人普遍相信死后精神世界的存在。）

对阿瑟爵士而言，精灵的存在，就意味着他最爱的妻子和已逝去亲人依然有可能以某种形式存在着，由于过度思念逝去的妻子、兄弟和儿子，阿瑟爵士一直在寻找死后灵魂存在的证据，证明生命中还有很多东西是活人无法看到和触摸到的。精灵的照片就是他想要的证据。因此，阿瑟爵士发自内心地想要相信和证明精灵的存在。

但是，人们相信奇异事件的存在，仅仅是因为希望它们是真的吗？如果是这样，我想拥有超能力，或许你也想拥有超能力[1]。但你希望某事成真，并不意味着你相信它的真实存在。就好像我并不相信自己真的能够

---

[1] 你发自内心地想要拥有什么超能力？飞行？隐身？眼睛能够发出死亡射线？肯定有某种超能力是你求之不得的！

隐身一样（如果我想隐身就能够隐身的话，我可能很快就会惹上大麻烦）。但阿瑟爵士的问题在于，他太希望神灵的存在，以至于真的相信精灵是真实存在的。导致这种错误信念的原因是什么？到底是什么在发挥作用？我认为需要归咎于大脑卫士！

大脑卫士

  没错，我们现在要认识一下被我称为"大脑卫士"的角色了！

　　大脑卫士就像是一个护照检察官或保安。理论上说，保安的工作就是决定谁可以进出一个地方，而谁不可以。如果有人请求放行，保安首先要检查证件是否合规，他/她应该了解所有的事实，检查一下相关人员的护照或身份证，然后再决定是否应该放行。但现实的操作往往不是这样，保安通常会上下打量来访者，看看他们穿什么鞋子和衣服，头发是什么样的，然后判断来访者是否符合被放行的条件。

　　如果来访者看起来奇怪，保安就会要求他们离开。

　　如果你觉得这样的做法既奇怪又不公平，接受事实吧，真相就是这么残酷。

　　回到我们的大脑卫士，它守卫的并不是一栋建筑，或一个国家的边界线，而是你的大脑。全新的想法、全新的故事和全新的事实出现了，你希望它们能够进入你的大脑，但它们首先要过大脑卫士这一关。大脑卫士会上下打量一番，看看它们是否适合进入。每个人都有一个大脑卫士，并且大家真的应该更多地关注自己的大脑卫士在做什么。为什么要关注它？因为与现实世界中的安保人员一样，大脑卫士做出的判断并不总是正确的。

如果是这样，你希望你的大脑卫士在判断是否应该放行某个事实时，提出什么样的问题？或许下面这几个问题可以给你一些灵感：

🌙 这个想法听起来合理吗？

🌙 这个故事与我已经知道的事实有冲突吗？

🌙 这个事实的来源是否可靠？

什么样的信息源是可靠的？

这是一个难以回答的宏大问题。因为没有什么东西是值得百分百信赖的——你总是要独立地思考和判断其是否值得信赖。如果我在百科全书或者教材上看到一个说法，通常会将其视为真实可信的，同理，一个知名的新闻网站提供的信息可能是正确的，而在抖音或者脸书上发布的言论很有可能是虚假的。但万事没有绝对，知名网站上的一些新闻报道也可能是错误的，社交媒体上也会有一些帖子提供了经过验证的信息。

在不同的话题上，你可以选择相信不同的信息源：例如，我会倾向于相信报纸或电视新闻提供的关于政治家在做什么和说什么的信息，但不一定会相信它们关于科学方面的报道，因为记者并非训练有素的科学家。我会选择相信数学老师提供的数学知识，但不一定相信数学老师关于什么类型的音乐最酷的看法。总之，一切都要自己去判断，不可盲目地相信他人之语。

如果你对前面几个问题的回答都是"是的"，那么大脑卫士或许应该允许这个想法进入你的大脑。

那么下面这些问题是否也适合用来探寻真相呢？

- 告诉我这个事实的人看起来是否友好，或自信？
- 我是否希望这个想法是真的？
- 这个故事是否会激发我的某种情感，比如恐惧或喜悦？
- 这是一个听起来很酷的故事吗？

通过前后对比，相信你已经感觉到，后面这些问题并非真相侦探用来破案的好方法，毕竟，一个故事是否听起来很酷，或者讲述故事的人看起来是否足够自信，与这个故事讲的东西是真相或是谎言没有任何关系。

但后面几个问题恰恰暴露了大脑卫士的老毛病。因为大脑卫士总是情绪化，且习惯于依赖第一印象做判断。它总是喜欢简单而刺激的想法，习惯于做出肤浅的判断（"告知这个信息的那个人看起来很不错"）。它是一个真正的、喜欢一厢情愿的思考者。你的大脑卫士会往你的脑子灌输很多并没有什么意义的想法，仅仅是因为这些想法给人的感觉很不错，或是令人兴奋。有时候，它也会主动邀请一些可怕的想法，因为它总是很难忽视可怕的想法。因此，大脑卫士也很喜欢屏蔽很多本应该被允许进入大脑的想法，仅仅是因为这些想法看起来很烦人、很复杂或者是错误的。那么，回到前面精灵照片的故事，阿瑟·柯南·道尔爵士的大脑卫士是如何处理那些前来敲门的线索的呢？

线索：除了弗朗西斯和埃尔西，没有人见过精灵。这难道不就意味着精灵是假的吗？

大脑卫士：不是的，精灵或许存在，但她们很少被人看到，她们一定很害羞。

线索被拒绝

线索：摄影专家认为这些照片是伪造的。

大脑卫士：真的吗？这不可能。拍照的都是小姑娘，她们不可能伪造照片。

线索被拒绝

线索：……但专家们并不确定照片是如何伪造的。

大脑卫士：哦，那就更有意思了。所以专家们很困惑，是吗？一定是被精灵的魔法迷惑了。

线索被接受

线索：因为那是早期的摄影技术，任何移动的东西在照片上都会显得非常模糊。在弗朗西斯与跳舞精灵的合影中，她身后的流动瀑布完全模糊了，但跳舞的精灵却清晰可见。

大脑卫士：我听到的是"胡说八道，跳舞的精灵很清楚，很清晰"。好极了——所以你说的是，这些照片的质量其实很高？

调整后的线索被采用

线索：弗朗西斯的表妹埃尔西是学艺术的……

大脑卫士：不要试图发散思维，谁在乎埃尔西学的是什么？我想我们应该让这些美丽的照片自己说话。

线索被拒绝

　　大脑卫士真是个奇怪的存在，不是吗？阿瑟爵士的大脑卫士并没有给他带来什么有用的帮助。它盲目地欢迎了一些不靠谱的信息——例如，照片上的精灵们清晰可见，而专家们无法解释这些精灵是如何被拍到的，同时它拒绝了一些至关重要的信息，例如，专家们认为这些照片是伪造及其中一个"女孩"实际上已经是一个青少年了，她接受过专业的艺术培训，而且正在摄影工作室兼职。

这种基于我们个人想要或期望看到什么东西，而拒绝特定事实，选择去接受其他一些事实的过程，就是心理学家（专门研究心智运作过程的人）所说的**确认偏误（confirmation bias）**。你可以把它想象成一个偷懒的、肤浅的大脑卫士正在发挥作用。

如果你想要成为一个真正的真相侦探，就像夏洛克·福尔摩斯那样，而不是像其作者阿瑟·柯南·道尔爵士那样，你就必须让自己的大脑卫士得到控制。下面就是控制大脑卫士的秘诀……

……**你准备好了吗？**……

……**专注于你的感受.**

（这就是达斯·维德的规则！）

当你看到一个新的信息或想法时，你相信的不仅仅是这些事实的呈现方式，而是它会触发什么样的情绪。你可能会因为自己在互联网上看到的、在书中读到的、在新闻中听到的，或从朋友处听说的信息而感到愤怒、快乐、悲伤或害怕。

想一想，下面这些信息会令你产生什么样的情绪或感觉？

每一个点击了这个链接的人，都能得到免费的巧克力？

全球最棒的乐队要面临解散了？

这些消息，有真有假，在你做出判断之前，不妨留意一下，它给你带来什么样的感受。这个世界上有许许多多的故事，其中很多是真实的故事，因为它们是科学家严谨研究或记者实地调查而得的结果，这些人的目标，就是竭尽全力地为大众提供事实。但也有很多故事，有时候被人们称为**"虚假新闻"**，并不是真的。

这些虚假新闻的目的，有时候是愚弄大众，有时候只是为了博人眼球。无论是哪种情况，虚假新闻故事往往会通过有趣、悲伤或可怕的内容，来吸引我们的大脑卫士。

而且，我们的大脑卫士很容易一时冲动，当你感受到强烈的情绪时，它就很容易做出非常愚蠢的决定。而且大脑卫士也喜欢急于求成，总是喜欢在一瞬间，凭借第一印象做判断。在紧急情况下，这可能是有用的，但它很可能导致错误的选择。因此，应对之法就是要留意自己产生的强烈情绪，尝试着**放慢脚步、保持冷静**。这能够让你的大脑卫士有更多的时间来注意到那些可能在情急之下被忽视的逻辑和证据。这一点阿瑟爵士没有做到，但你可以！

谜底终于被揭开

最后，在埃尔西和弗朗西斯拍摄了第一张精灵照片的65年后，《英国摄影杂志》（*British Journal of Photography*）发表了一篇文章，基于大量的考证和侦探工作（涉及一系列的文章、调查了每一个证人、研究了每一条线索）得出结论：毫无疑问，这些照片是伪造的，而且该篇文章十分明确地解释了整个伪造的过程。

每一张照片拍到的精灵，都是埃尔西从一本图画书上剪下来的剪纸。其中一张照片还被一位摄影艺术家"加工"过，两个小女孩要求他强化精灵的图像，以确保放大照片尺寸之后，精灵们依然看起来栩栩如生。那时候，处理照片的数字技术尚未诞生，摄影师们通过用细笔在底片上描画，来调整模糊不清的地方。但这位负责"改进"照片的艺术家的想象力有点发挥过度，他凭借想象在照片上添加了很多细节。

另一张照片则运用了底片叠加的技巧，其中一张照片拍摄了弗朗西斯，另一张照片拍摄了精灵的剪影。两张照片叠加，就营造了一种弗朗西斯凝视眼前飞舞的精灵的效果。埃尔西是照片叠加领域的专家，因为她在摄影工作室兼职的主要工作，就是将阵亡士兵的照片与家人的合影叠加起来，营造出全家福的效果。这是一项令人悲伤的工作，这些士兵在第一次世界大战中牺牲了，他们的家人要求拍摄这样的全家福，而照片叠加则是在一张照片中同时展示活人和亡者照片的唯一方式。

就在《英国摄影杂志》解释如何制作这些极具迷惑性的照片时，他们收到了一位82岁老太太的来信。来信者竟然是……埃尔西！

埃尔西需要为自己弄虚作假的行为忏悔……

真相反派

老实说，埃尔西·赖特并不是什么坏人，事实上，我认为她十分厉害！没错，她的确是在照片上玩了一个小把戏，而这个小把戏愚弄了人们长达65年。为什么会变成这样？在写给《英国摄影杂志》的信中，埃尔西解释了原因。一开始，这些照片不过是女孩们之间的玩闹，但最终却变得无法收场，仅仅是因为埃尔西的母亲把这些伪造的照片展示给其他人看，阿瑟·柯南·道尔爵士才看到了这些照片。于是事态一发不可收拾，从一个家庭成员之间的玩闹，变成了一个举世闻名的大骗局，因为阿瑟爵士是英国最有名的一个人。

埃尔西·赖特

埃尔西没有第一时间说出真相，是为了保护自己的妹妹，同时内心也因为自己作为摄影师和艺术家的技术能够忽悠到世人而感到窃喜。但到了后来，她发现揭露真相或许对某些人来说太过残忍，于是谎言只能继续下去。她不能站出来承认错误，因为这会让阿瑟爵士和自己的父母感到伤心和难堪。所以她选择保持沉默，直到生命将尽才敢站出来揭示真相。埃尔西的故事告诉我们，有时候，谎言的出发点是善意而不是恶意的欺瞒，但是，想要探知真相，我们仍然要保持警惕，清楚地思考——不要像阿瑟爵士那样，轻易地被主观情绪影响。

阿瑟爵士的确十分了解线索和侦探的世界，真相和谎言，但他没有意识到自己的情感会有多大的力量。这就是我们要学到的教训！如果你想要探知真相，就必须能够注意到自己的感受。当然，这并不是要求你时刻控制自己的情绪，但要注意自己完全被情绪控制的时刻！

最高机密
☆

保密信息
☆

现在，让我们回顾本章学到的东西，并制定一个行动计划，探知真相：

1）请牢记：你的大脑卫士正在草率决定你会关注哪些想法，或拒绝哪些想法。

2）遵循达斯·维德的规则：时刻关注信息激发的感觉。当你看到或听到一个想法或信息时，它带给你怎样的感觉？它在你心中激起了什么情绪？因为你的感觉可能会导致你无法清晰地思考。

3）我们经常被迫在匆忙之中做出判断，而这些未经深思熟虑的结论往往是错误的，所以要学会放慢速度。

4）如果有人告诉你，他们在花园的森林里拍到了精灵，在你以这些照片为灵感写出一整本书（就像阿瑟爵士那样）之前，最好三思而后行。

第2章

找到你的放大镜并聚焦正确的方向

FIND YOUR MAGNIFYING GLASS – AND POINT IT IN THE RIGHT DIRECTION

有些东西是看不见的，因为它们根本不存在，就好像花园森林里的精灵。但是，有很多东西，只有在仔细观察，并且使用正确的设备时才能够看到。因此，在这一章中，我们将讨论放大镜的作用，从科学家和侦探们使用的传统玻璃放大镜，到数字构成的观点放大镜。所以，在我们试图观察那些无处不在但难以确定的东西（如价格的上涨）时，确保擦亮你手中的放大镜，时刻将观察细节的放大镜拿在手中。

天价意大利面的案例

如果你跟成年人聊天的时间足够长，他们就会开始追忆往昔，告诉你过去的钱非常值钱。他们会说："我还记得，两便士（约合人民币两毛钱）就能去游乐场玩遍所有的游乐设施、买一袋糖果，然后还能剩一点儿找零坐公交车回家！"唉，这都是什么老古董的历史了，真无聊！但不得不说，他们说的好像也有点道理。随着时间的推移，物价好像的确变得越来越高了。

就比如，在我小的时候，全世界最好玩的玩具，就是乐高出品的"银河探险家"，我在1981年的圣诞节就特别想要它作为圣诞礼物，它在那时候的确是非常昂贵的玩具。我知道它很贵，是因为爸爸告诉我，他不一定买得起（爸爸有可能只是在吓唬我，但也有可能我的爷爷奶奶帮忙出了一部分钱。总之，到了最后，在圣诞节的早晨，这套玩具装在精美的包装里，安静地放在圣诞树下）。"银河探险家"是一个巨大的乐高套装，里面有一个月球登陆台，一个控制塔，四个宇航员（两个白色的，两个红色的）和巨大的宇宙飞船，还有一个装载太空车的舱位。

很棒吧！那它卖多少钱呢？大概20英镑——在当时看来，这不是一笔小钱，但是到了乐高集团重新发售这套玩具时，价格飙升到了90英镑，几乎是之前价格的四五倍。为什么价格上涨了这么多？部分原因是新套装变得更大、更复杂了；部分原因是其目标购买者就是一些怀旧的家长（比如小时候就玩过这个套装的我！）。但大部分原因是什么？乐高套装变贵的大部分原因是，所有的物价都上涨了[1]！

我们有一个词专门用来形容物价的上涨，叫做：**通货膨胀（INFLATION[2]）**。它通常是一个很具体的数字。

---

1 如果你同样对乐高玩具感兴趣（当然，谁会不喜欢乐高呢？），可以去 Brickset 和 BrickEconomy 等网站看看，它们提供了大量关于不同乐高套装在不同时期价格的数据。然而，我们对石油、黄金和乐高的价格了如指掌的时候，为什么却不怎么关注大利面的价格呢？这难道不奇怪吗？

2 尽管这个词听起来挺有趣，好像是吹气球或者给充气城堡打气，但事实上它反映了严重的经济和社会问题。

大多数国家的政府统计人员，会定期公布过去一年中价格上涨的预估数值。如果通货膨胀率为零，物价就没有变化。如果通货膨胀率是100%，那么物价就翻倍了。通货膨胀率太高可不是件好事儿，因为如果你的零花钱一直没涨，但是物价却在不断地上涨，那么随着时间的推移，你用同样的零花钱能够买到的东西就会越来越少。身为一名真相侦探，如果你对通货膨胀的数据有所了解，就能知道在哪些领域出现了通货膨胀，谁受到了的影响最严重，甚至知道如何去保护社会的弱势群体。

不久之前，英国官方通报的通货膨胀率为5%，比往年的数值要高出不少。这样的通胀水平意味着，每1英镑的物价增长了5便士，举个例子：一年前卖1英镑的巧克力棒，现在要卖到1.05英镑了；一件售价10英镑的T恤衫现在要卖10.50英镑；一台价值1000英镑的电脑，现在要1050英镑才能买到。通货膨胀惹怒了一些人，不仅仅是因为各种东西都变得越来越贵，而且物价增长的速度也越来越快了。

现在，5%的通货膨胀率的耐人寻味之处就在于：这是一个超出以往历史水平的通货膨胀率，也高到足以引发社会问题，但它又没有那么显著，如果不是刻意关注，人们可能就会忽略它。以上面那件T恤衫为例，如果你攒了10英镑要去买它，到了商店才发现它变成了10.5英镑，你可能会暴跳如雷。但如果你没有为了买它而刻意地存了很久的钱，只是某天心血来潮去逛商店，看看有没有合适的东西，就很可能不会注意到这个涨价。然而，有一个人一直在追踪英国的通货膨胀变化，她就是饮食作家和运动家杰克·芒罗（Jack Monroe）。多年来，她一直仔细地记录烤豆、意大利面和大米等日常食物的价格。或许电脑和T恤衫的价格上涨了5%并不是什么大事儿，但芒罗基于自己在物美价廉的日常食品价格方面的记录和经验，发现了一些非同寻常的东西。

下面是她发现的一些线索：

在2021年，一罐烤豆的价格是22便士；在2022年，价格涨到了32便士，换算下来，这就是近50%的通货膨胀。

2021年，物美价廉的意大利面售价是29便士，但在整体通货膨胀率是5%的情况下，它的价格不是上涨到30便士或31便士，而是直接翻了一倍多，在2022年变成了70便士，这几乎是超过了100%的通货膨胀。

更糟糕的是，一袋大米的价格从45便士上涨到200便士，或2英镑，这是一个超过300%的涨幅。

如果不是刻意关注，你可能会忽略5%的涨价，但一样东西的价格翻了三倍的时候，你就一定会注意到！

下面的图表展示了杰克·芒罗收集到的数据，显示了物价在一年内的显著涨幅——显然远远超过了官方公布的5%的通货膨胀率。

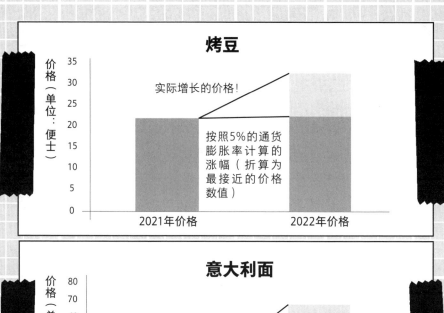

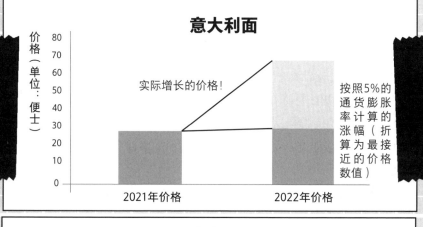

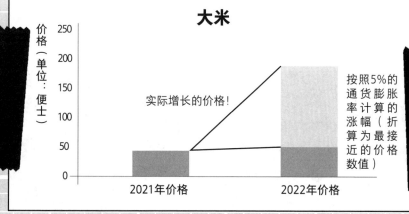

真相侦探

杰克·芒罗

　　为了照顾年幼的儿子，杰克·芒罗辞职成了全职家庭主妇，但很快就发现自己没钱了，甚至连购买日常所需食物的钱都没有了。有时候，她会只给儿子提供食物，比如刷了果酱的烤面包，但自己却没钱买吃的了。儿子会问她为什么不吃东西，她告诉儿子，"我不饿"，但实际上却饿着肚子。

　　捉襟见肘的日子逼得杰克开始研究，如何用最便宜的食材做出美味的食物。后来，她把自己研究出来的食谱分享到互联网上。在越来越多的人转发她的食谱后，杰克选出了自己最喜欢的一些食谱，整合成一本烹饪书籍出版。但她更为人所知的，可能是她反贫困运动的倡导者身份以及她为食品银行筹集资金付出的努力。

　　从上面的图表中，你能够看出，杰克去当地的超市采购食材时，她发现价格上涨的幅度远远超出了官方给出的5%的通货膨胀率。但为什么官方给出的通货膨胀率是5%？为什么实际的价格差异这么大？这是一个值得探索的案例，要解开它背后的谜题，让我们问一问……

观察的镜头指向哪里？

不管你是哪种类型的侦探，放大镜都是一个非常有用的工具——通过手柄上连接的一个简单的透镜，放大镜可以将微小的东西放大，让你看得更清楚。但放大镜有一个问题，你不可能一下子用镜头扫过所有东西，不可能在一瞬间让所有的东西都变得又大又醒目又清晰，所以你必须做出选择，决定镜头指向哪里。

在我看来，不同的数字也可以成为一种透镜，类似放大镜、望远镜或显微镜，它们能够让你清楚地看到自己可能会忽略或看不到的东西。当我们收集和研究大量描述世界的数字时，它成为所谓的**"统计学/统计数据"**（STATISTICS）。

英语单词**STATISTICS**，既可以指所有这些数字一起构成的**统计数据**，也可以用来指研究这些数据含义的学科（统计学）。

只要运用得当，统计学和统计数据就可以发挥显微镜或望远镜的功能，成为我们理解世界的强大镜头。

简单地说，我们可以通过统计学的镜头来理解通货膨胀。正如我们在上文看到的那样，只是了解一个随机价格的变动，比如一件T恤价格的上涨，你可能很难注意到大约5%的通货膨胀。只有在你开始收集和比较很多具体的价格数据时，才会看到真正发生了什么——这就是运用统计学的方法理解通货膨胀问题的意义所在。但是，统计学的镜头应该对准哪里呢？

杰克·芒罗的统计学镜头对准了当地超市里最便宜的食品的价格，并发现这些食品的价格成倍地增长了，且涨幅显著。但按照英国国家统计局的官方统计数据，物价只出现了小幅上涨。为什么会存在这样的不同？因为两者的镜头对准了不同的东西。

首先，我们要记住，通货膨胀指的是物价的上涨，那么具体是什么东西的价格上涨呢？假设你只想买一块福瑞德（Freddo）巧克力（一款青蛙造型的巧克力，它很美味，所以你想买也可以理解），福瑞德巧克力的价格每年上涨10%。但整体的通货膨胀率只有5%。所以，如果你的父母决定跟着官方数据走，每年给你的零花钱上调5%，会发生什么？

你可能会抗议说："这不公平！我只是想要买青蛙巧克力，所以福瑞德巧克力的价格才是最重要的标准。我的零花钱也应该上涨10%，而不仅仅是5%[1]。"

你对于通货膨胀率数字的理解，取决于你想买什么。你关注的是巧克力的价格变化，而杰克·芒罗关注的是当地超市里最基础的食物价格的上涨，那么，英国国家统计局关注的是什么价格数据呢？

问得好！英国国家统计局跟踪了700种不同产品的价格随时间变化的情况，收录了许多不同商店的价格。他们把这700种产品的清单称为"篮子"（basket），因为在他们看来，这些就是民众去购物时会放到自己购物篮里的东西。尽管这张清单也包含了一些

---

[1] 当然，这些数据都是我杜撰的，但福瑞德巧克力的价格的确上涨得比一般的通货膨胀率更高。在1999年，英国福瑞德巧克力的售价通常为10便士，到了2019年，已经变成了30便士。假设福瑞德巧克力价格上涨的幅度跟通货膨胀率一致，那么它在2019年的价格应该是15便士，而非30便士。所以说，福瑞德青蛙巧克力的价格涨幅已经超过了常规的通货膨胀率。

我们日常不会放进购物篮的东西，比如汽油和床垫。篮子里的产品清单也会随着时间的推移而变化，请看下面的表格内容：

英国国家统计局通货膨胀产品清单	
1956年 （第二次世界大战后数年）	**现在**
西梅	素食汉堡
猪油	橄榄油
吉士粉	蛋白质奶昔
果酱	糖果
女式短裤[1]	内衣裤
汇票手续费[2]	流媒体订阅费用
色织棉法兰绒[3]	足球队球衣周边产品
照相机胶卷及照片冲洗费[4]	喷墨打印机墨盒
玩具：木质的积木块	玩具：电子游戏手柄
……以及其他品类	……以及其他品类

---

1 我很确定这个品类没有什么变化，在1956年，统计人员观察的是"女式短裤"价格标签上的数字，现在他们观察的是"内衣裤"价标上的数字。

2 没错，看到这个品类时我也有点迷糊了。后来我专门去查询了一下，发现这是获得一种特殊文件所需的费用。这种特殊文件主要用来随信寄送现金。现在我们都用电子汇款了。所以它也不需要存在了。

3 这也是我需要专门查询的一个词。显然，这是一种柔软的布料，在人们还需要自己在家缝制睡衣的时代，他们就会用这种布料来做睡衣。

4 在数码相机和手机拍照兴起之前，照相机都需要用到胶卷。拍完照之后，你把胶卷拿到冲洗店，一星期后，你就可以去冲洗店拿到冲洗好的照片。

清单里包含了一些日常必需品，比如牛奶，同时也有一些不常见的消费品，比如香槟。继2020年疫情暴发之后，英国国家统计局又在清单里补充了洗手液、宽松的休闲裤、宠物玩具和工艺包等人们在疫情期间经常购买的东西。因此，英国国家统计局得出的5%的通货膨胀率，实际上就是在研究这些品类和其他数百种产品的价格变动之后，得到的平均涨幅。

然而，即使英国国家统计局将价格的放大镜对准了很多东西，也并没有囊括所有物品的价格变动。例如，它可能观察了香槟和假期的价格，以及最受欢迎的意大利面和大米品牌（但不一定是最便宜）的价格变动。杰克·芒罗仅仅关注了当地超市价格最便宜的食物。因为价格镜头对准了不同的东西，英国国家统计局和杰克·芒罗对通货膨胀率的调查，就发现了截然不同的线索。

那么，对于整个社会中最贫困的阶层来说，谁的通货膨胀率是正确的呢？答案是：我们无法确定。因为还没有人把价格的放大镜对准整个社会中最贫困家庭购买的大量廉价商品的价格变动。

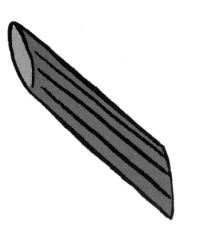

你能够制作出一个专属的通货膨胀放大镜吗？

读到这里，我希望你至少学到了三点经验：

第一，数字（或数据，或统计数据）就像是一个个放大镜，它们可以使平时很难看清的线索变得清晰可见。

第二，放大镜也不可能让你看透所有的事物。你可能会用放大镜来观察这条线索，其他人可能会指向其他线索，大家可能都会有不同的发现。

第三，你将放大镜指向什么地方很重要。如果你想要买的东西是巧克力，但你的父母给你的零花钱涨幅赶不上巧克力价格的涨幅，那么你只能购买到更少的巧克力。这一点对成年人来说也同样重要，如果他们的收入涨幅与官方的通货膨胀率一致（大多数情况下都是如此），但官方统计的通胀数据是高档食品和假期，但成年人想要购买的是物美价廉的意大利面和烤豆子的话，在这些食品价格涨幅超出官方通胀率的情况下，他们或许就会陷入经济困境。

杰克·芒罗认定，解决这个矛盾的最佳方法就是提供更多的帮助，确保价格更全面——请更多的志愿者来帮忙收集基本商品的价格信息，比如最便宜的面包和意大利面、冷冻蔬菜和罐头食品，以及洗发水和牙膏等卫生用品。她想获得一个视野更广、更清晰的放大镜。她把这个放大镜称为维姆斯靴子指数（Vimes Boots Index），以特里·普拉切特（Terry Pratchett）写作的一本书中的角色维姆斯船长命名。

维姆斯船长

维姆斯船长抱怨说，有钱人可以买得起高质量的靴子，经久耐穿、百磨不破，而穷人则囊中羞涩，所以他们只能买到很快就会磨损的靴子；然后他们就不得不买一双新的廉价鞋，不久之后再买一双，然后再买一双。十年之后，富人仍然穿着同一双高质量靴子，而穷人则不得不在每个冬天都购买廉价的新靴子。到了最后，穷人花在买鞋上的钱已经是富人的两倍，但仍然有可能因为鞋子质量过差而冻脚。

维姆斯的"靴子"理论认为，整体来看，富人群体在各项事物上的最终花费会比穷人更少。你认为这是真的吗？

我的猜测是，在某些事情上是真的，但在其他事情上则可能是假的。但如果我们有足够多且真实的数据——那么，我们就不需要猜测了，不是吗？

如果你要设计一个自己的通货膨胀篮子，你的产品清单里会有什么？以夏洛克·福尔摩斯这个全球最知名的侦探为例，他经常戴着一顶奇怪的帽子，被称为"鹿角帽"，非常喜欢抽烟，同时会拉小提琴，还喜欢带着手枪和显微镜出门检查线索，所以，在他的篮子里，你可能会找到下面这些东西：

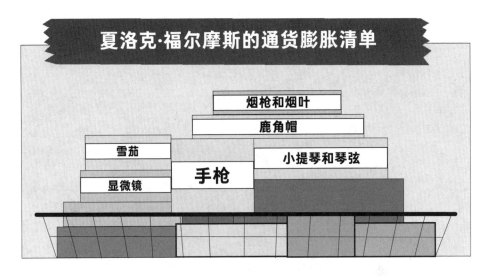

夏洛克·福尔摩斯的通货膨胀清单

烟枪和烟叶
鹿角帽
雪茄
小提琴和琴弦
显微镜
手枪

再以我为例，我的生活不像福尔摩斯的那般精彩纷呈，但我经常使用笔记本电脑（用于写作和计算），还经常玩骰子。在我不需要阅读和写作的时候，我喜欢享受美味的三明治和日本面条。而且，我不抽烟，这也许是让我比夏洛克·福尔摩斯更聪明的唯一方式。所以，我的通货膨胀清单里可能包含下面这些东西：

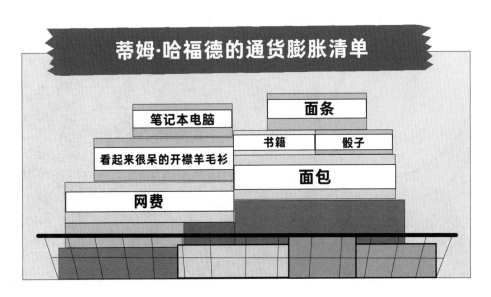

蒂姆·哈福德的通货膨胀清单

面条
笔记本电脑
书籍
骰子
看起来很呆的开襟羊毛衫
面包
网费

那么，你的通货膨胀篮子里会有什么东西？拿出一张纸或一个笔记本，写下你最希望看到它变便宜的东西，或者如果价格上涨，会令你感到最难过的东西。

要搞清楚五花八门的物品的价格变化，并不是一件容易的事情，英国国家统计局已经宣布，在未来它将投入更多的努力，不仅仅是观测700种产品的价格。它将使用来自收银台扫描仪的电子数据，捕捉和跟踪所有产品的价格变动。这样一个覆盖范围日益扩大的放大镜，必然让我们更清晰地了解到导致生活变化的重要东西。这些东西，在没有扩大放大镜范围的时候，很可能会被忽略。

在杰克·芒罗试图打造一个覆盖面更广的放大镜时，英国国家统计局也在努力做同样的事情。尽管二者并没有在所有事情上达成统一意见，但他们都认识到扩大调查覆盖面的重要性。总而言之，各种各样的数字，就好比形态万千的放大镜，帮助我们更清楚地看到事物的本质。

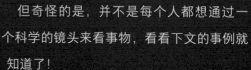

但奇怪的是，并不是每个人都想通过一个科学的镜头来看事物，看看下文的事例就知道了！

拒绝通过望远镜观察

伽利略是著名的数学家和科学家，1564年出生于意大利的比萨附近。人们讲述了很多关于伽利略的故事——例如，他从著名的比萨斜塔顶上同时扔下一个重球和一个轻球，解决了一个古老的争论[1]。古代思想家认为，重球会落得更快，但他们错了：两个球同时落地。

这个故事的很多细节或许都是虚构的（因为在伽利略出生之前，已经有其他科学家做过这个实验），但这个故事为什么得以流传？是因为它听起来很酷，也因为它向我们展示了伽利略性格中一个重要的品质，即：如果你想要了解这个世界，不要光是坐而空想，还要眼见为实。

关于伽利略的另一个著名故事，是他在月球问题上与另一位科学家发生的分歧。伽利略的批评者认为，月亮、太阳和天空中的其他物体都是完美的球体。但伽利略通过他的望远镜观察，可以看到月球上的山脉和山谷，知道月球并不是一个完美的球体，它只是一大块皱巴巴的岩石。伽利略说："你自己看一看吧！"但他的反对者断然拒绝通过望远镜观察。这真是一个错得离谱的

1 如果你现在就打算爬上一个歪歪斜斜的塔，学习伽利略从塔顶扔下一个炮弹，那还是算了吧！

决定。

直到现在，人们还在争论这个故事中哪些部分是真实的，人们真的拒绝了伽利略，不愿意通过他的望远镜亲眼去看吗？我猜他们的确是拒绝了，因为我现在还不断地看到周围的人做出类似的选择。

大脑卫士又回来了

现代人能够拥有的一个最好的镜头，就是统计学或统计数据，只要你获得和分析正确的数据，就能够得到正确的线索。但是，很多人做出了拒绝去看这些数据的决定，或者说，他们的大脑卫士代替他们做出了这样的决定。一定程度上，是因为他们可能担心这些数据太混乱或者太复杂，难以理解。但大多数时候，就像伽利略的反对者那样，他们纯粹不想看，因为他们害怕自己看到的东西会证明自己的观念是错误的。这一点在气候变化这个无形危机的争议上体现得尤为明显……

利用统计数据看清气候变化

不管是阳光明媚还是阴雨绵绵，不管是大雪纷飞还是烟雾蒙蒙，我们总是很容易能够看出天气的变化，但你能看到气候的变化吗？关于气候的理解和定义，两千多年来，欧洲科学家一直追随古希腊哲学家亚里士多德的观点。亚里士多德说，要理解气候其实很简单：在两极，它很冷；在赤道附近，它是热的；在赤道和两极之间有一个中间地带，那里的气候温暖舒适。

然而，气候问题并没有这么简单！地球的气候确实在不断地变化，这背后既有自然原因，也有人类活动的影响，因为人类的活动一直在污染大气。但因为气候变化的进程十分缓慢，天气还会随机变化，这往往掩盖了气候的变化。我们能感知到的，可能就是一年中某个月好像特别寒冷，或者某个月超乎寻常的炎热。

因此，我们同样要收集统计数据。和观察物价一样，统计数据是我们用来寻找气候变化微小线索的镜头。散布在全球各地的天气侦探，正在收集各地的天气测量数据。现在，全球有数以千计的气象站，遍布世界不同的地区，再加上连接在飞机前端，漂浮在浮标上或连接在海洋中的船只上的测量仪器，当然还有环绕地球的气象卫星，它们一直在观察和收集数据。气象侦探们也正在查案！

但是要看到所有这些不同的测量数据背后体现的共同模式，我们需要利用统计学的科学分析方法。统计学就可以成为帮助我们梳理和分析海量数据的镜头，让我们可以拨开数字的迷雾，看到类似气候这样微妙而缓慢的变化。没有统计学的科学分析和结论，我们就只能单纯地聊聊变化多端的天气。有些人拒绝承认监测数据表明地球的气候正在变得糟糕，因为他们的大脑卫士已经接管了思考，他们不去想这个长远而复杂的问题，或者不愿意为了改善气候而改变自己当前习惯的生活方式。但是，大多数人已经意识到，气候正在发生变化，而且这种变化是危险的。但同时，我们更希望人们明白，全球都需要努力去争取让气候朝着好的方向变化。

对于那些手里没几个钱的人来说，通货膨胀率是否变得太高了？气候变化的速度到底有多快？这个世界充满了各种各样至关重要的问题，如果不能通过统计学的视角，获得一个真正有效的、清晰的观点，我们就无法回答这些问题。

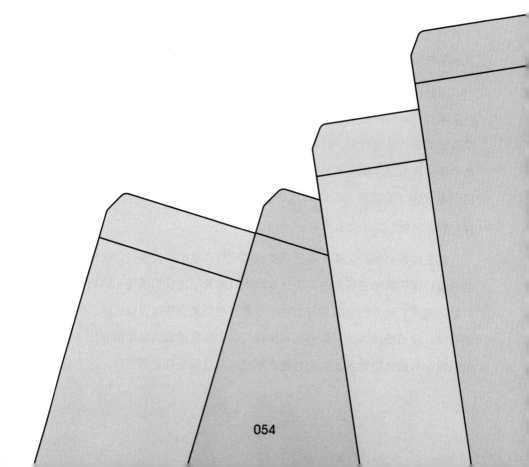

1) 如果你需要回答一个问题，就先收集那些以数字形式存在的证据。精心采集的数据向我们展示的那些真相，可能是我们随意观察周围世界时无法发现的真相。

2) 有的时候，这些数据并不是现成的，如果是这样，我们就要像杰克·芒罗一样，积极主动地去观察和收集！收集数据需要付出时间和精力，无论是廉价的意大利面的价格，还是印度洋在一段时间内的温度数值。我们每个人都要挺身而出，为重要的问题、真相、事业发声。只有这样，我们才能够确保社会的关注力用在了正确的地方。

3) 记住伽利略的望远镜的故事。有时候，人们拒绝去看眼前的证据，因为他们担心证据会让自己更加困惑，或证明自己原来的观点是错误的。不要成为这样的人，要积极主动地寻求经过科学验证的、真实的证据。

4) 随身携带一些青蛙巧克力，你永远不知道自己什么时候会需要它们。

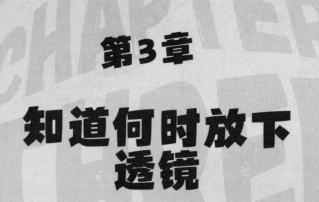

第3章

知道何时放下透镜

KNOW WHEN TO PUT THE LENS DOWN

用自己的眼睛看问题

在上一章，我们了解了放大镜的作用，以及数字能够提供的分析角度，让我们理解身边的世界。但是，一个合格的侦探不应该每一次都依赖同样的工具。如果你总是用放大镜眯着眼睛看，那么你在采访目击证人或追捕坏人时，就难以取得令人满意的结果。有时候，你需要把放大镜放到一旁，用自己的眼睛观察周围的环境。那么，什么时候依赖于自己的经验会更好呢？我们如何才能够避免过于情绪化的大脑卫士跳出来捣乱，让我们直接得出错误的结论呢？

穆罕默德·尤努斯（Muhammad Yunus）的故事，或许可以提供一点灵感。曾经尤努斯习惯于通过统计学的视角来观察世界。虽然出生在孟加拉国，但他后来前往美国学习经济学，在那里，他意识到了收集和分析数据的力量。

但在他回到孟加拉国后，他发现现有的统计数据并不能很好地描述最贫困人口的生活。缺乏数据，意味着没有足够的信息来搞清楚这些人的生活到底有多绝望，也意味着没有足够的信息来找到一个可能解决贫困的方法。于是，尤努斯认为自己要走出大学课堂，去见一见在附近村庄里辛苦劳作的贫困妇女群体。她们都是能够很熟练编织篮子的女工，但依然不得不经常借钱度日，而放债人往往收取很高的贷款利息，到了最后，这些妇女的手上几乎剩不下任何余钱。

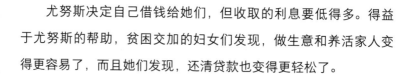

尤努斯决定自己借钱给她们，但收取的利息要低得多。得益于尤努斯的帮助，贫困交加的妇女们发现，做生意和养活家人变得更容易了，而且她们发现，还清贷款也变得更轻松了。

真相侦探

穆罕默德·尤努斯在1983年成立孟加拉乡村银行后，被称为"穷人的银行家"。除了以极低的利息给那些篮子编织女工提供贷款之外，乡村银行还以同样低的价格向小企业提供同样的小额贷款。

孟加拉乡村银行在全世界闻名，这种"微额贷款"的理念被许多国家效仿。穆罕默德·尤努斯和孟加拉乡村银行也因其在减贫方面的贡献，而共同获得了2006年的诺贝尔和平奖。

尤努斯提倡的理念被称为"虫眼看世界"，与之对应的是"鸟瞰"，即飞得很高，从高处俯瞰世间的一

穆罕默德·尤努斯

切。尤努斯认为，不如试着慢慢移动，仔细观察，花时间思考你看到的，这就是"虫眼看世界"的意义。

尽管以统计学为镜头了解世界是一个有效的做法，但有时真相侦探需要把镜头放在一边，独立地观察周围的世界，就像穆罕默德·尤努斯做的那样。

不可否认，统计学给我们提供了关于大趋势和潮流的观察，向我们展示了气候变化或通货膨胀率等问题，但它提供的信息，只有在分析大量信息背后的模式后，我们才有可能理解。相反，我们个人的直接经验向我们展示了与统计学不同的东西。回想一下，杰克·芒罗为什么能意识到意大利面的价格可能出了问题？她的发现，不是来自查阅报表上一行一行的数字，而是来自当地超市的实地考察，再加上敏锐的思考："嗯，这些价格似乎贵得有点反常！"这就充分证明了个人经验的重要性。

只有当你自己的家因为气候变暖而被水淹没时，你或许才会真正理解天气模式变化的严重后果。通货膨胀或许只能通过大量的数据分析来正确衡量，但只有当你的鞋子坏了，却发现父母买不起一双新鞋子给你的时候，你才会感受到通胀的存在。要真正地理解我们生活的世界，既需要统计数据，也需要利用个人的经验：不是通过阅读电子表格里的数据，而是作为一个活生生的人，亲自去体验和观察。

060

真相侦探

汉斯·罗斯林

　　我最钦佩的一个真相侦探就是汉斯·罗斯林（Hans Rosling）。汉斯接受过统计学培训，但同时也是一名医生。从职业生涯伊始，他就致力于服务全世界贫穷的病患。他遇到的一个案例是在非洲莫桑比克暴发的一种叫孔佐（Konzo）的疾病（一种严重的，不可逆的神经系统疾病，会导致瘫痪）。这种疾病十分神秘，没有人知道是什么导致了它，甚至有人怀疑这可能是一次蓄意的化学武器攻击。

　　汉斯和他的同事们最终发现，病因是一种有毒的蔬菜（木薯），它需要非常仔细地预先处理才能确保安全食用。但由于发生了饥荒，莫桑比克的一些人变得非常饥饿，在木薯还没有完全处理好的情况下就大量食用，最终导致了中毒。

　　这只是汉斯诸多冒险经历中的一个小小的案例，他一直希望通过结合数据与实地考察，理解和解决贫困人口面临的紧迫问题。

因为这种精神，汉斯也成为一个伟大的沟通者，既能够使用统计学来解决问题，也从未忘记问题背后密切相关的，一个个具体的人。

尽管汉斯后来成为世界上最著名的统计学家，但他曾写道："数字永远无法说明生活在这个地球上的人们的全部故事。"数字是必不可少的，但我们也需要用我们自己的眼睛去看。

再举一个亲身经历的案例。几年前，我携家人一起去了一趟中国。在出发之前，统计学数据已经给了我一个大概的印象：我知道中国正在飞速发展，迅速地从一个相对贫困的国家，发展成一个中等收入国家，现在正快速地朝着富裕国家迈进。

但只有在我亲自到访中国之后，我才深刻地感受到其天翻地覆的变化。我们乘坐高铁一路穿梭到中国的南部地区，沿途看到的摩天大楼与纽约帝国大厦一样宏伟。高楼绵延相接，一直延伸到远方，城市仿佛没有边界。中国的人口如此密集，钢筋混凝土浇筑的建筑如此之多，令我不禁惊叹中国在短时间内取得的成就。看到这些令人惊叹的场景，我不禁好奇其他国家是否能够有同样的增长？

尽管我已经事先从统计数据中了解到了中国经济增长的情况，但是近距离的体验仍带给我难以忘却的感受。亲身体验让我从远观转变为近距离观察，也将我的模糊感受转变为深刻的理解。

如果个人观点出了错，要怎么办？

但我们也需要注意，个人的观点有时候会将我们引入歧途。尤其是当你太接近一件事时，反而容易一叶障目，忽略这样一个事实：在其他地方生活的人和发生的事，或许与你生活的地方截然不同。再回到杰克·芒罗的案例，她对当地超市廉价意大利面的调查发现，当地超市的价格上涨得非常快，但有没有可能同类商品的价格在其他地方没有快速上涨呢？事实上，一些专家的调查发现，有些连锁超市会决定在部分门店中淘汰最便宜的产品。如果被淘汰的廉价商品中，恰好包含了廉价的意大利面，而你像杰克一样，习惯于在其中一家门店购买便宜的意大利面，事情就会看起来非常糟糕。但如果你选择了其他地方的门店（没有淘汰廉价意大利面），或许就感受不到任何变化。这就是为什么对杰克来说，启

动她的维姆斯靴子指数，而不仅仅是看她自己的购物篮变得非常重要。

我们在流行事物上的看法，尤其容易犯下以偏概全的错误，比如音乐、爱好或书籍等。你跟你的朋友们或许都喜欢某一款游戏、某一个乐队或作家，并因此很容易相信，全世界人的喜好都与你们一样。但如果你与年龄比你大一些，或比你小一些，或来自不同国家，甚至只是来自不同学校的人交谈，就会发现他们有着完全不同的兴趣爱好。这可能会令你感到惊奇，但你要知道，尽管个人的经验是了解世界的一个宝贵窗口，能够让你了解到一些丰富的、生动的细节，但永远不要忘了，其他人对世界的看法可能与你截然不同。

从新闻中获取个人观点，会有什么问题？

问题就在于：当我们看电视新闻，或在网上或社交媒体上浏览新闻报道时，生动的视频和图片会使我们产生一种错觉，即自己亲身经历了这些新闻故事，因为新闻报道的图片往往非常生动、直击人心，你可能会看到坦克爆炸、建筑物倒塌、飞机坠毁、船只沉没，以及犯罪案件现场的恐怖照片。

但好消息是，尽管这些可怕的事情的确发生了，但它们很可能不会发生在你的身边。大多数人一辈子都不会经历飞机坠毁，或船只沉没等事件。即使生活在战乱地区的人，也不会经常性地看到坦克爆炸的场面，而我们大多数人都生活在和平地区，这可谓是一件幸事。不过，由于电视和互联网新闻的存在，即使我们生活在一个非常安全的环境里，依然可以看到这些恐怖的事件每天都在发生，就在你的屏幕上。

因此，在研究人员询问人们对世界安全性的看法时，人们往往感觉世界比实际的更危险。统计数据的镜头可以向我们展示犯罪、战争甚至糖尿病等疾病的发生频率。统计数据告诉我们，大多数国家的犯罪率一直在下降，但大多数人却认为，犯罪率在上升。我们认为恐怖袭击造成的死亡增加了，但实际上相关死亡率下降了。

因为我们总是基于自己看到的新闻做出判断，我们对世界的看法往往是错误的，为了抓住观众的注意力，提高收视率，媒体总是向我们展示令人震惊的讯息，但这些讯息往往也会使人们感到不安和恐惧。

除此之外，电影、书籍和电视节目的内容，也会迷惑我们。比如很多电影虚构了外星人、大猩猩和超级反派想尽办法攻击人类的故事。值得庆幸的是，这样的事情尚未成为现实。但不可否认，有时候一个凭空捏造的故事会带给我们很强的真实感。

举个例子，我们可以看到很多关于谋杀案的侦探电视剧。现实世界中的确存在谋杀案件，但在大多数地方，谋杀案依然是罕见的小概率事件。然而，在电视剧中，谋杀案必须经常发生，只有这样，每周才能有新的剧集出现。总督察巴纳比是电视节目《骇人命案事件簿》（*Midsomer Murders*）的核心人物，摩斯探长（*Inspector Morse*）的系列侦探剧也是如此，这部剧的背景就是我的家乡牛津（如果它真的像电视剧描述的那样危险，我可能会怕得根本不敢走出家门）。

事实上，世界上几乎没有什么地方的谋杀率能与这些罪案背景的电视剧中描述的小镇相提并论[1]。例如伦敦和纽约等城市，在这些罪案电视剧中看起来无比危险，事实上它们的危险程度也绝对不及《骇人命案事件

---

[1] 即使有，大概率也不是你生活的地方，所以不必过度担忧。

簿》里的小镇。

需要重申的是：统计数据已经告诉你，谋杀案很罕见；你自己个人的经验（我希望）也会告诉你，谋杀是小概率事件。但电视剧重塑了你的个人感受，讲述了一个截然不同的故事，在这个故事里，背景地点总是危机四伏、命案频发。

美元街

当你能够使用统计学上的放大镜和望远镜，以及环顾四周和利用你的个人经验时，你就能做出最聪明的决定。但同时做到这两件事，并不那么容易！这就好比努力在用一只眼睛盯着近处的东西时，另一只眼睛要关注远处地平线上的其他东西，只会令你头痛。话说回来，这也像用你的双手，同时拍脑袋和揉肚子一样，是每个人通过练习就能学会的事情，并且你会发现投入的时间和精力物超所值！

举个例子，高质量的百科全书和参考书，包含了各种各样生动的图片和令人惊叹的信息。它们会向你展示人体的内部构造、放大一粒灰尘的结构；或拉远镜头，向你展示整个太阳系的全貌，又或者给你提供中世纪城堡或登月火箭的剖面图。除了所有这些令人惊叹的画面，它们还提供了相应的事实和关于信息的准确的数据。因此，对于所有的真相侦探来说，它们都是我们应该拥有，或在图书馆仔细翻阅的好书。

除了纸质版书籍之外，我们还有很多其他形式可用的工具，例如，精心设计的美元街网站（Dollar Street Website）。美元街项目试图让访问者深入了解全球不同地方的家庭生活方式。美元街项目的研究人员，到访了全球各地的志愿者家庭，对这些家庭的所有物进行了拍照和录像，并询问这些家庭的生活情况，遭遇的问题或拥有什么梦想。任何人都可以通过网络看到来自布隆迪的卡布拉家庭的生活情况，他们每月赚取约29美元（大概每天1美元），住在一个泥土棚屋里。不久的将来，他们希望能存够钱买一张床。你可以看到他们如何做饭（在光秃秃的土地上生火），如何刷牙（全家人共用一把牙刷），以及他们的厕所是什么样的（就在土屋外面，用木板盖住的地上的一个洞），孩子们最喜欢的玩具是什么。

卡布拉
家庭

汉森·雷弗
辛家庭

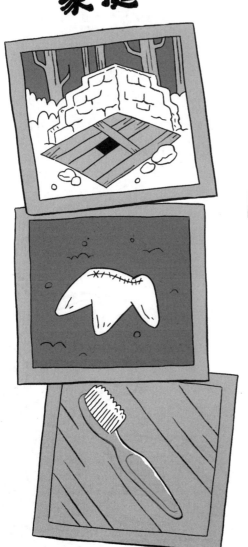

想一想你自己过着什么样的生活：

◑ **你的家里有马桶吗？**

◑ **它是否有冲水装置，厕所是否有可以关闭的门，这样你可以比较私密地使用厕所？**

◑ **厨房呢？你的家人是用明火、电力还是煤气做饭？**

◑ **你最喜欢的玩具是什么？（也许你也同样喜欢一个软软的毛绒绒的东西，而不是其他东西）**

在你回想关于自己家的情况时，你还可以点击访问其他家庭的信息比如来自中国的李家，他们每个月的收入是731美元；或者看看住在丹麦的汉森·雷弗辛（Hansen Refsing）家庭，他们很幸运，每月有5000多美元的收入；或者来自世界各地的250多个其他家庭的情况。

但美元街不仅仅只是展示不同家庭的照片，你还可以将所有的同类照片进行对比。比如，你可以看到所有家庭的马桶对比图，或者所有的牙刷或所有的玩具的对比图。而且，你还可以看到富人家庭和穷人家庭里的这些东西有什么不同，又或者为什么没有差别。例如，在汉森·雷弗辛家，孩子们最爱的玩具是一只看起来让人想抱在怀里的、软绵绵的泰迪熊。就外形而言，它与卡布拉家庭的孩子们玩的东西完全不同，但就功能和本质而言，它们并无不同：都是一个可以拥抱的、柔软的毛绒动物。

这就是每个真相侦探应该审查的证据！在美元街网站上，你可以近距离观察一把牙刷或一个马桶。或者你可以放大来看全局，了解世界各地人们的生活是怎样的，看看人们的生活有何异同。来自不同地区的家庭，生活情况大概率会很不一样。你还可以了解到不同家庭的收入。美元街网站同时体现了放大镜、望远镜的作用。因此，它也是真相侦探们得力的调查工具。

真相侦探

安娜·罗斯林·于伦

安娜·罗斯林·于伦（Anna Rosling Rönnlund）是美元街（Dollar Street）的创建者。她设计的软件Trendalyzer能够将数据转变为动画泡泡，以生动有趣的方式呈现需要分析的问题。现在她是Gapminder基金会的副总裁，该基金会旨在帮助人们通过数字理解他们身边的世界。

秘诀、技巧
和工具

1）观察周围，了解这个世界的动态。你的个人经验很重要，它将给你提供关于世界如何运作的有用线索。

2）但不要只依赖这种个人经验。对你来说是真的东西，对其他人来说可能并非如此。而且，你在新闻上看到的东西，往往比大多数人的日常生活要可怕得多。

3）使用统计学的放大镜来帮助你近距离观察事物，或者使用望远镜观察地平线，了解整体。但在必要的时候，也不要犹豫，把工具放在一边，将数据与你的日常经验结合起来，而例如美元街这样的工具，会帮助你同时获得这两种视角。

第4章

利用统计数据探寻真相

SEEK THE
TRUTH WITH
STATISTICS

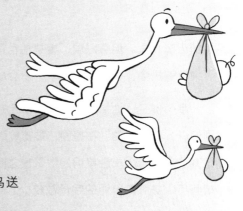

我们家有四个孩子,我是老大,在家里最小的妹妹出生时,我问妈妈:"小孩子都是从哪里来的呢?"妈妈可能觉得我的年纪还小,听不懂关于生育的科普知识,于是告诉我,小孩子都是鹳鸟送来的。

在西方一直有这样一个古老的传说:鹳鸟用嘴叼着白色的大绒毛毯子,里面包裹着小婴儿,挨家挨户地送孩子。

但神奇的是,统计数据显示,鹳鸟或许真的会送来婴儿,因为拥有最多鹳鸟数量的国家,往往也是拥有最多新生儿的国家;反过来看也成立,拥有最多新生儿的国家,鹳鸟的数量也是最多的!这似乎……也太神奇了吧!到底是怎么回事呢?

相关性法则

在统计学领域,存在一种被称为**相关性**的模式,即一件事情通常与另一件事情伴随出现或存在。有时候,相关性是**一个重要的线索**,表明一些

事情正在发生。但有时候，相关性也可能无关紧要，因为它有时候只代表了纯粹的机会，在这种情况下，它会成为"红鲱鱼"（red herring）[1]。

举个例子，你知道毒蜘蛛和拼写测试之间存在一种奇怪的相关性吗？别惊讶，这是真的。在美国，被毒蜘蛛杀死的人数，也与一个著名的拼写比赛的最后一个决胜单词的字母数之间存在很强的关联性。数据显示：连续有年，决胜的单词的字母数较少（8个字母或9个字母），被毒蜘蛛杀死的人数也较少（5人死亡或6人死亡）。而当决胜单词的字母数增加（11—12个字母），被毒蜘蛛杀死的人数也变多了（8—10人死亡）。决胜单词的字母数最多（13个字母）的那一年，也是毒蜘蛛造成死亡人数最多的一年（14人死亡）。

那么，到底是什么原因形成了二者之间的相关性呢？是毒蜘蛛想要在拼写比赛中获胜，然后一口一个地干掉对手吗？当然不是！这不过是一种巧合的关联，无数红鲱鱼中的一种。如果你对毒蜘蛛造成的死亡率和拼写比赛的决胜单词长度之间存在如此强烈的关系感到惊讶，大可不必：这世界上每分每秒都在发生无数的事件，只要你足够用心地寻找，一定能够在两个随机事件之间发现巧合。

但是，即使不是意外的巧合，一些事件间的相关性仍然可能是"红鲱鱼"。例如，"穿更大码鞋子的孩子，在数学测试中得分更高"。那么，我们是不是应该让学生穿上更大码的鞋子来考试，以提高每个人的考

---

[1] "红鲱鱼"指的是分散人们对真相注意力的信息或事物。红鲱鱼原本是一种特别臭的烟熏鱼，味道非常刺鼻难闻。这个引申含义的来源指的是：如果你想要摆脱猎犬或者其他追踪犬的追捕，可以用臭气冲天的红鲱鱼分散它们对你的气味的注意力。

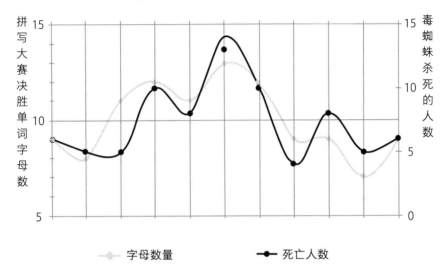

斯克利普斯全国拼写大赛决胜单词字母数量
关联
毒蜘蛛同年致死的死亡人数

图例：字母数量　　　死亡人数

*本图根据泰勒·威格（Tyler Vigen）的虚假相关项目（Spurious Correlations Project）研究成果改编。

试成绩？正常人都不会这么干，因为即便这种相关性真实存在，我们都知道，大码鞋子并不是使孩子们考出更高分数的根本原因。这是因为，15岁孩子的脚通常比10岁孩子的脚更大，因此需要穿更大码的鞋子，而10岁孩子的脚又比5岁孩子的脚更大，穿的鞋子也更大码，因为年龄较大，所以15岁的孩子相比10岁的孩子，又或者10岁的孩子相比5岁的孩子而言，在数学考试中取得的成绩相对就会更高。

这种关联也被称为**"因果叉子（CAUSAL FORK）或因果预测"**，不要误会，这不是一把真正的叉子，所以也不能用来吃意大利面！

没错，鞋子的大小和数学考试成绩的高低之间的确存在一些特定的关联，但你不能简单地得出"大码的鞋子就能够确保更高的分数"（或更高的分数意味着鞋子码数变大）这样的结论。一个优秀的真相侦探能够将这些关联性线索作为一个更深入研究的信号。

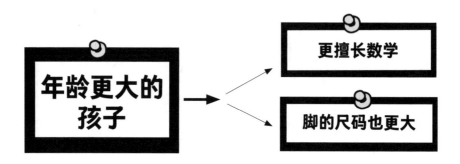

那么，鹳鸟和婴儿之间又是怎么回事？它有没有可能又是一种因果预测关系？现在想想像摩纳哥或卢森堡这样面积较小的地方：没有很多婴儿，也没有很多鹳鸟[1]。当你看到有很多婴儿的地方也有很多鹳鸟时，你实际上看到的关联是：更大的国家，有更大的空间来容纳鹳鸟和婴儿。

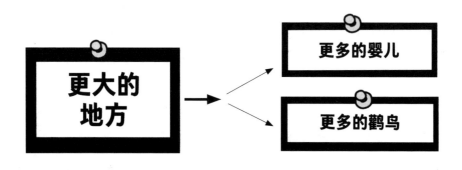

---

[1] 摩纳哥和卢森堡都是国家，但卢森堡的人口相当于一个中型城市，而摩纳哥的人口则相当于一个小城镇。

鹳鸟、婴儿和肺癌死亡的怪异案例

有史以来最著名的一本关于统计学的书，是达莱尔·哈夫（Darrell Huff）写的《统计数据会说谎》（*How to Lie with Statistics*）。哈夫在这本书里列举了各种各样生动有趣的案例，充分说明了统计数据可能欺骗人们的方式，这其中就包括鹳鸟和婴儿之间的相关性的例子。我小时候就很喜欢读这本书，这也是我对统计数据，以及它们如何误导人们感兴趣的原因之一。

但是，哈夫的书中缺少一个重要的内容：他没有提供许多利用统计数据来弄清真相的正面例子。事实证明，这是一个很大的失误。

在20世纪50年代，医生和科学家们正在竭尽全力地解开一个奇怪的谜团。这是一种不寻常但非常危险的疾病——肺癌，它随着时间的推移变得越来越普遍。在短短15年的时间里，英国因肺癌死亡的人数增加了6倍，这是一个令人震惊的涨幅。但是，是什么导致了这种致死疾病的增长？

理查德·多尔（Richard Doll）和奥斯汀·布拉德福德·希尔（Austin Bradford Hill）这两位英国科学家决定展开调查。首先，他们采访了医院里的许多病人（有的患有癌症，有的没有患癌），以了解他们的生活和工作地点，他们的饮食和运动量，以及他们是否吸烟。初步调研的结果好像提供了一条线索：也许吸烟是导致肺癌的原因（与当时的许多人一样，多尔和希尔也是吸烟者。理查德·多尔后来说："在调查之前，我没有想到调研会发现吸烟是一个严重的问题。"但随着他们研究的证据开始积累，他们两人都戒烟了）。

为了进一步验证初期的发现，多尔和希尔给近六万名医生写信，询问他们的健康状况和吸烟习惯（如有）。二者之间的关联很快就变得非常清晰：吸烟的人更有可能患上肺癌。

这是一个极其重要的发现，因为在20世纪50年代，有大量的人吸烟。这就意味着，这样一个小小的习惯就有可能杀死很多人。后来的事实也证明，吸烟的危害非常严重。其他科学家在同一时间发现了类似的线索，这也让大众逐渐意识到，吸烟是一个非常危险的习惯。但奇妙的是，通过发现这种危险，科学家们可以警告人们，不要学吸烟，或者尽快戒烟。

但信息的传播需要时间，人们戒烟也需要一个过程，因为吸烟非常容易上瘾。在我小的时候，餐馆、飞机甚至学校都设有专门的吸烟区。而比我更年长的人的记忆是，任何地方都是吸烟区，人们可以随时随地抽烟，你甚至可以在医院里吸烟。但人们逐渐地意识到了这种危险，并尽可能不抽烟以保护自身的健康。这个统计学的发现拯救了数以百万计的生命。

　　因此，这也是一个重要的提醒，让我们意识到，尽管统计数据可能被邪恶的主谋利用来欺骗大众，但它们也可以在科学家、研究人员和真相侦探的手中发光发热，帮助我们探寻真相。我们不能像达莱尔·哈夫那样，只关注统计学造成的谎言和陷阱，我们还必须寻找真相——而数据可以提供帮助。请记住，数据可以向我们展示看不见的真相。香烟和癌症之间的联系就是其中之一。

真相侦探

奥斯汀·布拉德福德·希尔爵士

奥斯汀·布拉德福德·希尔爵士是第一次世界大战中的一名飞行员，因为肺结核，他不得不住院两年，并且几乎因此而丧命。康复后，他觉得自己年纪已经太大了，不适合从头开始学医，于是转而成为一名经济学家，后来成为一名统计学家。

收到一份询问自己的吸烟习惯的问卷，这让一些医生感到有些气愤。其中一个医生，在一个聚会上遇到了希尔，他很不客气地说："你就是那个想让我们都戒烟的家伙吧！"

"你误会了，"希尔回答说，"我对你是否戒烟不感兴趣，我真正感兴趣的是，如果你继续吸烟，你的死亡原因是不是肺癌……你完全可以自己做决定，继续吸烟，或者及时戒烟。这对我来说是个无所谓的问题。无论如何，我都能够记录你的死亡原因。"

这些话听起来有点刺耳，但希尔的确是一个出色的真相侦探。他与理查德·多尔的研究成果，帮助拯救了数百万人的生命。

奥斯汀·布拉德福德·希尔爵士还因为开展了全球第一个高质量的新药有效性测试试验而闻名。这个药物测试表明，一种抗生素可以治愈肺结核。这种疾病在他年轻的时候几乎要了他的命，而他后来通过统计学和药物测试战胜了这种疾病，堪称是"统计学的伟大复仇"。

统计数据如何制造陷阱？

在美国的政治家们争论是否应该在香烟外包装上加上健康警告时，一个专家跳出来分享了他对这个问题的看法。他认为，香烟和肺癌之间当然存在关联，但狡辩说，鹳鸟和婴儿之间也有关联。

我们都知道，这两个案例有着本质的区别，但这个专家坚持说："在我看来，二者之间的关联并无不同！"

这个专家就是写出了《统计数据会说谎》的**达莱尔·哈夫**！

烟草公司充分利用了类似哈夫这样的专家，在香烟危害性这一问题上迷惑普通民众的认知。关于抽烟是否有害，竟然存在这么多不同的意见！人们的大脑卫士被彻底迷惑了，最终选择了错误的信息，而这些信息也就成了那些不愿意戒烟的吸烟者常用的借口。

真相反派

  达莱尔·哈夫的《统计数据会说谎》一书充满了有趣的想法和明智的建议。让我感到非常难过的是,哈夫在书中表达了对香烟危害性的怀疑观点。香烟公司很担心,因为科学证据表明,香烟是致命的。他们想找到一个能攻击这些科学证据的人,而哈夫是最合适的人选。哈夫以展示统计数据如何愚弄大众而闻名,因此请他来证明关于香烟危害性的统计数据是不可信的,的确很合适。

  哈夫到底怎么想的?我想或许是他花了太多时间思考统计学的谎言,以至于他忘记了,统计学也可以告诉我们真相。

达莱尔·哈夫

香烟确实会导致癌症和其他严重的疾病，人们开始慢慢地接受这个事实。但是，利用统计数据制造疑虑，仍是一个常用的操纵意见的手段。比如说，你可能已经意识到，很多人不相信气候变化正在发生，或不确定气候正在恶化，尽管大多数气候科学家的结论是，全球气候正在不断地恶化。为什么会出现这样的情况呢？

这可能是因为石油和煤炭公司试图采取与香烟公司相同的策略：攻击科学研究，鼓励人们怀疑一切。就像香烟公司希望人们继续抽它们制造的香烟一样，石油和煤炭公司希望人们继续放心大胆地燃烧它们出售的化石燃料。

基于类似的逻辑，一些人提出了类似的质疑，声称新冠肺炎疫情也不是真的。毕竟，气候变化和新冠肺炎疫情等事物是肉眼不可见的，只能通过统计数据来了解。而正如达莱尔·哈夫所说的统计数据会说谎。

当你看到一个耸人听闻的统计学结论时，不要急于相信它的真实性，因为它有可能是无稽之谈，比如鹳鸟和婴儿之间的联系。

但也不要上来就认定它是虚假的，它也可能是一个重要的、可以拯救生命的研究发现，比如香烟和癌症之间的联系。作为一个真相的追求者，你的工作不是盲目地相信一切，或固执地否定一切，而是要找出真相和谎言之间的区别，找到真实的相关性和联系的本质。

保密信息
☆

1）从鹳鸟和婴儿到吸烟和肺癌，很多事情似乎都在同步变化，这意味着它们之间存在相关性。其中一些相关性是重要的线索，而另一些则是"红鲱鱼"干扰事件，我们需要注意做好区分。

2）邪恶的主谋经常试图转移真相侦探对证据的注意力。他们会说，一些统计证据是误导性的。他们说的没错，但不是所有的统计证据都是误导性的，千万不要被他们的胡搅蛮缠转移视线！

3）相信你所读到的一切，并不是什么聪明的做法；反过来说，拒绝相信一切，也不是明智之举。达莱尔·哈夫寻找的是不相信的理由；而多尔和布拉德福德·希尔寻找的则是真相。最后，是多尔和布拉德福德·希尔拯救了数以百万计的生命。

SECTION TWO
第二部分

?

?

?

EWS

探知真相应
掌握的各项
技能

第5章

观察标签

OBSERVE THE LABEL

著名的侦探夏洛克 · 福尔摩斯在故事《波西米亚的丑闻》（*A Scandal in Bohemia*）中，曾经对他的朋友华生医生解释说：

福尔摩斯：你经常是只看到，但不观察。二者的区别很明显。比如说，你经常能看到从大厅通往这个房间的台阶。

华生：是的，经常看到。

福尔摩斯：看到过多少次呢？

华生：嗯，总之是很多次。

福尔摩斯：那么有多少级台阶呢？

华生：多少级台阶？我不知道。

福尔摩斯：就是这样！因为你没有观察过！尽管你无数次看到了它。这就是我要说的！现在，我知道一共有17级台阶，因为我既看到又观察到了。

当然，我的意思不是让你每看到楼梯就把时间都花在计算和记忆这些楼梯的台阶数量上，但一个优秀的真相侦探一定要善于观察。真相侦探最应该观察的，就是用来描述证据的最突出特征，即它的**标签**，这往往也是其他人容易忽略的东西。

关于暴力电子游戏的荒诞故事

举个例子，你喜欢玩电脑游戏，但你妈妈很是担心。因为她看到了一则新闻报道，探讨了一项关于电脑游戏的研究。报道称，这项研究显示，暴力电子游戏往往与现实生活中的暴力行为有关。她不希望你打架斗殴或者惹上警察，所以想要阻止你继续玩游戏。

你要怎么解决这个问题？当然，你可以愤怒地抗议，可以尝试狡辩，就好像律师在法庭上努力通过辩论打赢一场官司那样，喊上几声"反对！"等等。

又或者你可以采用真相侦探的做法，这意味着提出问题。让我们更仔细地审视前面的内容，"暴力电子游戏""和暴力行为有关"……这些表述到底是什么意思？很多时候，我们只是看到了这些标签，却没有深入地观察和思考。

比如，这个"暴力电子游戏"，到底是指《我的世界》（Minecraft），还是经典街机游戏《吃豆人》（Pac-Man），或是手游《堡垒之夜》（Fortnite）？假设你最喜欢的游戏是《我的世界》，你就会知道，这款游戏主打探索和东西的建造；但你也会知道，这个游戏有时也会变得暴力。而在早期最火爆的街机游戏《吃豆人》里，有各种各样的角色四处奔跑、互相吞噬，听起来很可怕？但实际上它不过是一个在迷宫中移动的彩色图形，啃食路径上的一切东西。真正玩过或了解这个游戏的人，不会觉得它是一个暴力的游戏。很多人会说,《堡垒之夜》是暴力游戏,但市面上比它更暴力的游戏数不胜数。因此,这项报告的研究人员在调查暴力游戏时,他们研究了哪些游戏呢?是《吃豆人》《我的世界》《堡垒之夜》,还是那些真正暴力十足的游戏?

那么,这个与暴力行为"有关"的表述,又是怎么回事?这到底是什么意思?这些词是不是意味着,玩暴力电子游戏的孩子就是喜欢打架斗殴的孩子?这个表述或许本身没有什么特殊的含义,也许就是另一个**因果叉子或因果预测**。

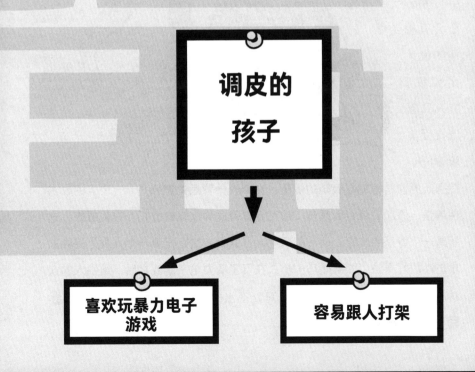

现在，让我们把这个问题交给专家来解决。研究这个问题的科学家们知道，这个因果预测可能有问题。为了解决问题，他们有时候会在实验室里开展精心设计和控制的测试。他们会随机选择实验对象，请他们去玩相对温和的创意游戏或暴力电子游戏，并随后测试他们在事后是否出现了攻击性行为。

但是，在实验室里测量和观察"暴力行为"怎么会靠谱呢？没有人会在一个科学实验室里打架。一些研究还会有相当奇怪的设计，比如说研究人员会请接受实验的人在别人的饮料里加超级辣的辣酱。这个设计背后的逻辑是：一个人的攻击性越强，添加的辣酱就越多。你也会觉得这种逻辑奇怪吗？在我看来，这就是一个奇怪的实验。但一些研究人员认为，这是衡量一个人身上潜藏的攻击性的好方法。如果碰巧一个人在玩了暴力电子游戏之后，给别人的饮料加了超级多的辣酱，研究人员可能得出的结论是：**暴力电子游戏会导致暴力行为？**

无论如何，这些研究听起来都很重要。毕竟，它们身上的标签，比如"暴力""攻击性"是很严谨的专业词汇，不是吗？

- 🌑 这些研究人员是否发现，那些每天都玩《我的世界》，并且连续玩了一整年的人，会更容易惹上麻烦，引起警察的关注？

- 🌑 又或者他们是否发现，那些在实验室里不间断地玩《堡垒之夜》长达30分钟的人，在结束游戏之后，喜欢在别人的饮料里加超多辣酱来恶作剧？

- 🌑 这些研究人员到底做了什么研究？

- 🌑 他们到底有何发现？

专业的研究人员，在暴力电子游戏是否会导致暴力问题，以及如何预防暴力问题的发生，或干脆放任不管上，并没有达成一致的结论。因此，你跟妈妈之间的冲突必然存在，毕竟这是众多科研人员争论了超过25年，还没有找到一致答案的问题。但你们至少可以理智而冷静地沟通，探讨研究人员关于这个问题的研究发现，或许你们母子/母女之间可以达成一个协议：只要你没有表现出暴力行为，你就可以继续玩《我的世界》。

奇特案例：公交车上的亿万富翁

几年前，一个著名的慈善机构发表了一项声明：

全球最富有的85个人拥有的钱，与世界上最贫穷的一半人口拥有的钱一样多。如果你将这些亿万富翁都放到一辆伦敦的公交车上，那么他们总共拥有的财富比全球几十亿人的财富总额更多。这是一个令人震惊的数字。这则声明被当成新闻，登上了全球各地的报纸头条，带来的阅读量和关注度足以令该慈善机构的员工们击掌庆祝。

身为真相侦探，我们应该怎么做？**审查这些标签！**

首先要确定的是：我们所说的"更多的钱"，指的是什么？

让我们以吉尔和泰德这两个好朋友的财富为例，做个简单的比较。

吉尔有一份稳定的保姆工作，每周赚20英镑，一年有50周。

她每年可以挣到的钱是20 x 50 = 1000英镑。

泰德每周有3英镑的零花钱，一年有50周[1]。

他每年得到的钱是3 x 50 = 150英镑。

那么，谁有更多的钱？吉尔，对吗？她挣到的钱比泰德多得多。

先别急着下结论，吉尔喜欢和她的朋友出去喝珍珠奶茶，还经常给自己买东西或给别人买礼物。现在，她基本上就是挣多少花多少，手上没

---

[1] 为什么不按照一年52周计算？我也不知道，有可能他在节假日没有零花钱；有可能家长规定每年有两周不发零花钱；也有可能50周这个整数计算起来比52周更容易？

有积蓄。

　　反观泰德，他正在努力存钱，想要买一个心仪的游戏机。他是个有耐心的人，存了整整一年的零花钱。所以现在他有150英镑的存款。

　　按照积蓄来算，谁的钱更多？当然是泰德，他有150英镑的存款，而吉尔什么都没有。

　　等等，好像不太对吧？！这不可能是真的，泰德怎么会比吉尔更有钱呢？明明吉尔挣到的钱比泰德多得多。这有没有可能是真的？事实上，泰德的确有可能比吉尔更富有，原因是，"更富有"或"更多的钱"等看似简单易懂的表达，实际上可能有着不同的含义。让我们更进一步地仔细分析一下。

如果你说的"更有钱"指的是"更高的收入",那么吉尔就比泰德更有钱(因为吉尔的**收入**更高)。

如果你说的"更有钱"指的是"更多的存款",那么泰德比吉尔更富有(因为泰德有**积蓄**)。

那么到底谁更有钱呢?吉尔有更多的收入,或者说有更多的钱流进;而泰德有更多的积蓄,或者说攒下来的钱更多(吉尔的钱就好比是淋浴,哗啦啦的水冲到身上都流走了;而泰德则像是用浴缸泡澡,虽然水龙头只会一点一滴地注水,但都存了下来)。

前面案例中慈善机构谈到的公交车上的亿万富翁的案例,他们谈论的是财富。按照这个标准,泰德比吉尔更富有,事实上,他比10亿个吉尔加起来还要富有,因为每个吉尔的财富值都是0,哪怕乘以10亿的人数,结果仍然是0。

嗯……10亿个吉尔加在一起,这个表述听起来是不是很熟悉?回顾一下前文,慈善机构抱怨说,一个公交车上的亿万富翁的财富加起来,比全球几十亿人口的财富加起来还多。但是,如果这几十亿的人拥有的财富跟吉尔一样是0,那么人数的多寡是否还有意义呢?按照这个标准,泰德一个人的财富也比几十亿个吉尔加起来还多。但如果你仔细思考,泰德很有钱吗?他到现在还没有攒够买一台心仪游戏机的钱呢!

如果我们想要了解世界上最贫困人口的生活情况,就要同时考虑到他们的收入和拥有的财富。世界上的确有人生活在极端贫困之中,每天的生活费不到一美元,就像来自布隆迪的卡布拉一家人一样。我们在第3章的美元街案例中已经了解到,他们一家5口人每个月的总收入只有29美元。全球有大约7亿人的情况跟卡布拉一家差不多,他们每天的收入不到1.9美元（这是一种可怕的、令人崩溃的极端贫困——尽管我们很快会在下文中看到，相较于过去的极端贫困，情况已经大大改善了）。想象一下，你如何靠着这么微薄的收入维持生计！此外，卡布拉一家不仅收入很低，拥有的财富也极少。

拥有千亿身家的富翁

没人确切地知道全球最富有的人到底有多少钱，部分原因是他们通常对自己拥有的财富秘而不宣，部分原因是随着钱财的流动，他们拥有的钱每天都在变动。但一些报纸和杂志给出了最可能接近真相的猜测。最近的一份富豪排行榜显示，榜单前四位富豪的财产可能已经超过了1000亿美元。他们分别是：

- 杰夫·贝索斯（Jeff Bezos），亚马逊购物网站的创始人；

- 埃隆·马斯克（Elon Musk），特斯拉电动汽车公司的总裁；

- 伯纳德·阿诺特（Bernard Arnault），LVMH集团总裁，拥有时装、香水和香槟等奢侈品牌；

- 比尔·盖茨（Bill Gates），电脑软件公司Microsoft的前任总裁。

财 MONEY 富

还有其他几个上榜的富翁，身价刚刚突破千亿美元大关，比如脸书的创始人马克·扎克伯格（Mark Zuckerberg），声名远扬的投资之神沃伦·巴菲特（Warrer Buffett），还有手握各类印度企业的老板穆克什·安巴尼（Mukesh Ambani）。

　　不知道你是否注意到，他们都是男性。你认为，这个数据对我们的世界有何启示？

　　相较于现实世界里的富翁，我更喜欢《福布斯》的全球最富有的15个虚构人物排行榜——他们都是来自小说、电影和电视剧中最富有的人，包括：

- 威利·旺卡（Willy Wonka），巧克力工厂老板（来自《查理和巧克力工厂》）
- 布鲁斯·韦恩（Bruce Wayne），他的另一个身份是蝙蝠侠
- 史矛革（Smaug），一条龙（英国奇幻小说《霍比特人》中的角色）
- 托尼·斯塔克（Tony Stark），又名钢铁侠（漫威漫画中的一个角色，他是亿万富翁、发明家、工程师，同时也是钢铁侠）
- 大富翁先生（Mr Monopoly），大富翁套装游戏上戴着高帽的那个人
- 劳拉·克劳馥（Lara Croft），盗墓者（系列电影和游戏《古墓丽影》主角）
- 贾巴·胡特（Jabba the Hutt），《星球大战》系列电影里的犯罪头目，长相丑陋，身材肥胖
- 牙仙（Tooth Fairy）尽管她的财富是牙齿而不是现金

财 MONEY 富

无论如何，最富有的人拥有堆积如山的金钱，而最贫穷的人则几乎什么都没有。那么，通过将"更多的钱"这个标签进一步地拆分变成"财富"和"收入"这两个二级标签，我们能从中学到什么？我认为我们学到了一些重要的东西。而那个关于85个亿万富翁的故事——他们坐在一辆双层公交车上，这辆公交车里所有人拥有的财富比全球一半贫穷人口拥有的财富更多的故事，又告诉我们什么呢？它告诉我们，如果你把财富从全球最富有的几个人身上拿走，就可以在一夜之间解决全球的贫困问题。

但如果你用"收入"这个标签来看待同样的数字，那么可能会得出不同的结论。这些超级富豪们的确拥有很多的收入，但不足以长久地提升全球最贫困人口的消费能力。毕竟，如果你有80亿美元，那么你的确很有钱；但如果将这笔钱平摊到全球80亿人口上，你只能给每个人一美元，这不仅什么都改变不了，你还会一夜之间失去所有财富。

一位决定尝试为全球贫困问题贡献个人力量的亿万富翁，也得出了同样的结论。比尔·盖茨曾在很长一段时间内被视为全球最富有的人。他成立了比尔和梅琳达·盖茨基金会，"致力于解决全球范围内的贫困、疾病和不平等问题"（"不平等"是一个时髦的词汇，用来形容社会上的各种不公平现象）。但如果比尔·盖茨这么有钱，他为什么不直接把这些钱捐给穷人呢？先看一个数据，这个基金会自2000年以来，已经花费了超过500亿美元。如果平摊到全球的人身上，相当于每个人得到6美元，所以如果比尔·盖茨决定直接给人们发放现金，这6美元带来的影响最多只能持续几天。

于是，盖茨基金会决定将这些钱花在捐助疫苗和图书馆建设上。一些人认为这是一个明智的决策，但其他人则认为盖茨基金会把钱花在了错误的地方（而且，不管怎么样，一个人都不应该拥有这么多可支配的财富）。

但有一点非常确定：如果你将这笔钱以现金形式发放，即使是500亿美元，也不足以改变全球80亿人的生活。

那么，我们要怎么做才能解决全球贫困问题？我没办法直接给你提供一个答案，但我相信，你现在肯定觉得自己有能力提供更好的答案。那么，我们能不能直接劫富济贫，把富人手上的钱都拿走，然后分给最贫困的人？当然，我们可以这么做，但我们可能需要找到更多的富人。因为即使是公交车上85位亿万富翁加在一起，也没有足够的钱。我们可能需要对全球的百万富翁们下手（全球大概有5000万个百万富翁），他们的财富加起来的确是很多钱，但他们可能不想让你把钱夺走……

但或许，我们可以像比尔·盖茨学习，以其他的方式花钱，来解决贫困问题。没有哪个人能够仅靠一种方式，轻易解决全球贫困的问题，但当你能够同时使用"财富"的标签和"收入"的标签来分析这个问题时，你会看得更清楚。

最高机密

1）观察数据上的标签。他们所说的"暴力视频游戏"是什么意思？在比较富人和穷人时，我们是在比较他们的"财富"还是他们的"收入"？

2）关注标签的细节或许有些无聊，但它实际上是许多统计故事中最重要的部分。这些故事到底讲述了什么？我们到底是怎样获取完整的信息的？如果你不问这些问题，你就不会了解到隐藏于故事背后的联系的本质。

3）当福尔摩斯告诉华生"你看到了楼梯，却没有仔细观察"时，他是在敦促华生强化自己的观察。这个世界充满了有趣的细节，我们是否注意到它们的存在，是否认真观察过它们？

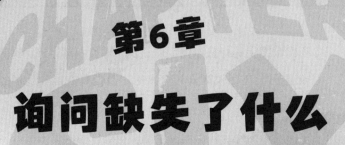

第6章

询问缺失了什么

ASK WHAT'S MISSING

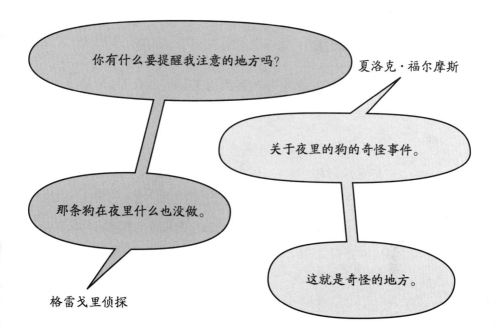

你有什么要提醒我注意的地方吗？

夏洛克·福尔摩斯

关于夜里的狗的奇怪事件。

那条狗在夜里什么也没做。

这就是奇怪的地方。

格雷戈里侦探

这段对话出自有史以来最著名的侦探小说之一，即阿瑟·柯南·道尔爵士自己写的《白额闪电》（Silver Blaze），发表于1892年。福尔摩斯被要求帮助解决一起双重犯罪案件：著名的赛马"白额闪电"在半夜被人从马厩里偷走了，同时"白额闪电"的训练师离奇死亡，显然是被谋杀的。福尔摩斯通过观察一些没有发生的事情，做出了一个精彩的推理——马厩里的狗没有叫："很明显，午夜的来客是狗熟悉的人。"

要成为一流的真相侦探，你不仅需要关注发生在眼前的事情，还需要关注发生在视线之外的事情，或者那些根本没有发生的事情。就像那只在午夜没有吠叫的狗一样，有时缺失的证据反而就是最好的证据。

预言未来的牛粪

几年前，挪威的一个电视节目推出了一档类似于《梦幻足球》（*Fantasy Football*）的竞赛节目，只不过节目里没有足球，只有一头拉屎的牛。

在《梦幻足球》的比赛中，你需要挑选一些真实世界的足球运动员，他们将在接下来的几个月里，在现实世界中打比赛。选定之后，这些球员就加入了你的梦幻球队。如果他们在现实的比赛中的确发挥出色，你的梦幻（虚拟）球队就能获得很多分。难就难在，你不可能只挑那些最优秀的球员，因为他们太贵了，而你的梦幻球队预算有限。这就要求你必须要找出那些很可能表现出色，但因为某种原因身价不是很贵的球员。如果你能够预测未来，这当然是小菜一碟，但考虑到没几个人能够预见未来，这就不是一个简单的任务了。

回到电视台，它举办的这个比赛并非梦幻球队的比赛，而是一个梦幻投资大赛。在这个比赛中，你需要挑选的是挪威的公司，而不是足球队员，但比赛的基本理念是一样的：找出那些便宜，但却会提供惊人业绩表现的公司。

这个电视节目组邀请了一些有趣的人参加这次比赛。其中一个是占星师，他相信通过观察星星的运动轨迹，就可以预测未来[1]。

占星师的竞争对手，是两位投资专家，他们的日常工作就是试图找出那些市场表现亮眼的公司。就像人们常说的那样，"懂得越多，做得

---

1 我不太明白这背后的逻辑，但可能是因为人们觉得占星师很有趣，所以他也参加了这个节目。

就越好"!

嗯……也许吧!

除了占星师和这对投资专家之外，比赛还邀请了两位美容博主。她们可能在化妆方面很有一套，并且在网上发布了有用的美妆教程，但她们也是最先承认自己对"梦幻投资"一无所知的人。她们甚至都没听说过这些备选公司的名字，但现在却要立即挑选出其中表现最好的公司。

此外，这档电视节目的主持人也参加了比赛，挑选了他们认为可能表现亮眼的一些公司。

但最不同寻常的参赛者，叫做古勒罗斯（Gullros）。古勒罗斯是一头身躯庞大、外表美丽的奶牛，有着棕色和奶油色混搭的皮肤……电视制作人在一块场地上标出了一个由28个方块组成的白色网格，在每个方块上标注挪威规模最大的25家公司的名字。然后，古勒罗斯会跟其他的奶牛走到格子里，并在上面拉满了便便。哪个格子里有最大堆的热气腾腾的牛粪，就代表古勒罗斯和奶牛们选择了这家公司。当记者要求古勒罗斯解释自己的选择策略时，它的回答是一声悠长的"哞~"。

那么比赛的结果如何呢？占星师的表现最差，而美容博主们的表现最好，尽管她们都表示自己对投资一窍不通。而了解很多相关知识的投资专家们表现平平。而奶牛古勒罗斯，做选择的方式非常任性，完全靠在格子里随机拉屎来做选择。

这个故事真正告诉我们的是，试图通过预见公司未来三个月的发展来赚钱，实际上只是一种猜测。即使猜对了，也不过是纯粹的运气。

除了……除了……电视节目主持人突然宣布，他们做得比其他人更好。他们通过猜测投资赚到的钱，几乎是投资专家、美容博主和奶牛古勒罗斯赚到的钱的总和。但如果比赛的结果如何，全凭运气好坏来决定，如果足够幸运，一头随机拉屎的奶牛可以做得跟投资专家一样好，而一个对投资毫无概念的美容博主可以做得比投资专家更好，那么主持人是如何做到这么优秀的呢？

这真是一个非常令人费解的案例。

谜底揭晓：电视节目主持人并不只参加了一次比赛，他们偷偷地挑选了20个不同的组合。想象一下，他们将每个组合都写下来，然后放到一个信封里。在宣布比赛的获胜组合时，他们翻开信封，从事先写好的20个信封里，选出与获胜组合一致的答案，然后再悄悄地把其他19个信封扔进垃圾桶。

这个操作简直令人目瞪口呆！但这其实并不比我们即将听到的事实更离谱。事实证明，在生活中，只揭示唯一的胜利者，而隐藏其他一切落败者的做法，非常普遍。一旦你理解了这个逻辑，就能够理解从如何变魔术……到如何保护飞机不被击落等一切事物背后的逻辑。

如何做到连续抛出十次正面

魔术师达伦·布朗（Derren Brown）曾在电视上表演过一个简单而又惊人的魔术。他拿着一枚普通的硬币，把它扔进一个玻璃碗里，硬币正面朝上。他把硬币拿出来，再次把它扔进碗里，还是正面朝上。他又抛了一次、再一次、再一次，每次都是正面朝上。事实上，他连续抛了十次，这枚硬币落下时，都是正面朝上！

当然，就像许多舞台魔术师一样，达伦·布朗也是一位视觉效果大师。他本可以偷偷地放进一个两面都是正面的假硬币，或者以其他方式欺骗我们的眼睛。但他没有这样做，这是一枚正常的硬币，硬币在空中翻转和落入玻璃碗的过程也是正常的，但这枚正常的硬币的确实现了连续十次抛掷后都是正面朝上的神奇效果。

得到这个结果的概率有多大?

老实说，这种概率不大。每一次抛掷得到正面朝上的概率是1/2，连续两次得到正面朝上的概率是1/4（这是因为第二次抛掷的结果出现了先正后反、先反后正、先反后反、先正后正四种不同的组合，而这四种组合中，我们只想要第四种组合），第三次连续抛掷再度得到正面的概率变成1/8，连续四次得到正面的机会是1/16，而连续十次都得到正面的机会有多高？1/1024！如果你重复这个连续十次的抛掷行为，不间断地重复1024次，才能

够得到一次连续十次正面的机会，这就是纯粹的运气！

那么，达伦·布朗是如何实现了这个看似不可思议的奇迹呢？很简单，他的做法就是：一遍又一遍地重复投掷硬币，成千上万次，直到经过几个小时的尝试后，他终于连续投出了十个正面。那么，这个魔术的欺骗性在哪里？摄像机拍下了他连续几个小时的投掷动作，但最终播放给观众的，只有那一段连续十次投出正面的录像！

这当然算不上世界上最令人惊叹的魔术，但它的确是一个魔术，并且对任何一个真相侦探而言，都是一个重要的教训。当我们看到存在的证据时，不仅要问"这个证据告诉我们什么？"，还要问"缺少了什么证据？"。有时候，就像《白额闪电》中没有叫的那条狗一样，有些事情没有发生，这就是一条重要的线索。

在其他的情况下，如达伦·布朗的硬币翻转，或是试图预测未来的电视节目主持人，有些事情的确发生了，但我们没有看到它，这也是一种重要的线索，前提是我们能够找出这些被隐藏起来的事情。

真相侦探

亚伯拉罕·瓦尔德

第二次世界大战期间，美国政府要求数学家亚伯拉罕·瓦尔德帮助美国空军找出加固飞机的方法。大家发现从战场上回来的飞机的机翼上布满了弹孔，但发动机上却很少出现弹孔，那么是不是只需为机翼装防护板就可以了呢？

亚伯拉罕·瓦尔德不同意这一观点。他指出，空军可能并没有观察到所有前往战场的飞机，他们只看到那些被击中但仍安全返回的飞机。他猜测，很多飞机是因为被击中了发动机而未能成功地返航，反而是那些仅被击中了机翼的飞机成功地回来了。

所以，亚伯拉罕·瓦尔德表示要反其道而行之：不在机翼上装防护板，而是为发动机安装防护板，才能真正保护飞机。

畅销的土豆沙拉的案例

如果你突然有了一个很酷的新产品的创意，你会去哪里获得生产它的启动资金？或许你可以参加才艺秀并赢得大奖？或许是偶然间发现一罐黄金？又或许非常诚恳地哀求父母赞助？但这些方法的成功概率都很渺茫。

对现在的很多创意者而言，解决启动资金和投资问题的最佳答案，是Kickstarter众筹网站，这是一家让大众认捐和支持游戏、电影、书籍、漫画、小工具和其他美好创意的网站公司。通过在网站上发布自己的创意，发明者可以得到免费的宣传和众筹的资金，将梦想变成现实。而支持者们则得到了参与的乐趣，并往往在产品研发完毕准备发售之前，优先获得成品或试用装。

Pebble智能手表的创造者曾经在Kickstarter上筹集了1000万美元。一款名为Frosthaven的棋盘游戏筹集了1300万美元。然后作家布兰登·桑德森（Brandon Sanderson）宣布他要出版一系列的幻想小说，他在一天内筹集了1500万美元，打破之前所有的众筹纪录。而最轰动且影响最大的Kickstarter活动是由扎克·布朗（Zack Brown）为制作土豆沙拉而发起的众筹项目。

这次众筹其实是一个玩笑，扎克在网站上发帖说："我的创意就是：我即将做土豆沙拉，但具体是哪一种，我还没有确定！"并表示，只要能够募集到10美元，他就会开始动手制作土豆沙拉。然后除了一句简短的"感谢大家！"，他没有再多说什么。他也不太确定是否有人会感兴趣并且捐款，但人们的确给

111

他捐了不少钱。有7000个网友表示了对这个平淡无奇的创意表述的兴趣，且最终的捐款超过了5.5万美元，或许这些人只是享受给互联网上某个不知名的搞笑人物寄几美元的乐趣。5.5万美元是很大一笔钱，大多数人一年可能都挣不到这么多钱。但是通过Kickstarter这个平台，扎克筹集到了这笔资金，他制作的土豆沙拉肯定是有史以来最赚钱的沙拉。扎克将一部分钱捐给了致力于解决饥饿问题的慈善机构，并用剩下的钱办了一场土豆沙拉派对，邀请了几百人参加。扎克制作了几款不同的土豆沙拉，有些使用蛋黄酱，有些使用醋。用醋是德国人的做法，我个人很喜欢加醋的土豆沙拉，你喜欢吗？

扎克后来分享了自己最喜欢的土豆沙拉配方："一磅土豆，两盎司蛋黄酱，一盎司酸奶油，一盎司MontAmore奶酪（或马苏里拉奶酪作为替代品），一盎司罗勒香蒜酱，然后混入所需数量的培根（或火腿作为替代品）和干番茄，再加点苹果醋、黑胡椒和犹太盐。"

当你听到土豆沙拉的创意都能够募集到5.5万美元，更不用说小说家和棋盘游戏设计师能够募集到的庞大金钱时，难道不会心动，并且想要发明一些东西，将它放到Kickstarter上众筹吗？棋盘游戏的创意开发当然很酷，但你没有必要这么贪心，你不需要1300万美元，哪怕是100万美元就足够了！又或者，你觉得游戏研发的周期太长，来钱太慢，为什么不学学扎克，搞点速成的食物创意？不一定非要是土豆沙拉，可以是一碗麦片，撒上一点糖，又或者是西红柿加番茄酱的三明治？充分发挥你在烹饪上的创意和想象力，然后等着数以万计的美元滚滚而来吧！

但是，我有个坏消息！扎克·布朗或许已经为他的土豆沙拉募集了5.5万美元，但这并不意味着你能够为自己的番茄酱三明治募集到5.5万美元。在所有这些令人热血沸腾的Kickstarter众筹的成功故事中，缺少一件

$55,000

非常重要的事情——
关于Kickstarter众筹的所
有那些失败的故事。一个
名为"Kickended"的网站
收集了这些失败者的故事。
一个想设计游泳衣的女人；
一个想要环游苏格兰并拍摄
绝美照片的男人；还有来自
纽约州的两兄弟，他们想要拍
摄自己在万圣节穿上恐怖的服
装来吓吓邻居的片段，他们只想
要募集400美元。如果你想要通过一
款土豆沙拉募集5.5万美元，想象一下
有多难。

但这些人都没有募集到一分钱，
他们的朋友、兄弟姐妹，甚至是亲妈，
都没给他们施舍一分钱。而事实证明，
这样的失败并非罕见。只有扎克·布朗，成功地为一个看似笑话的创意募
集了5.5万美元。但在Kickstarter众筹网站上，有超过5万个创意项目，就
像想要拍摄万圣节短片的纽约州兄弟一样，从来没有得到过一次认捐支
持。在Kickstarter网站上，失败的项目，即没有达到筹资目标的项目的数
量，远比成功的项目多得多。

这个故事告诉我们的道理，远远不局限于Kickstarter网站上的众筹项目。现在，让你想一个运动领域的杰出人物，你会想到谁？或许是基利安·姆巴佩（Kylian Mbappé）这样的足球明星，又或者类似艾玛·拉杜卡努（Emma Raducanu）这样出色的年轻网球运动员，又或者是勒布朗·詹姆斯（LeBron James）这样的篮球传奇人物？或者你想到的是韩国电子游戏巨星李相赫（Lee Sang-hyeok）——或许他的游戏ID名"Faker"更为知名。这些都是鼓舞人心的偶像级人物，参加的所有竞赛都有报酬可拿。但在这个世界上，大多数同样擅长运动的人，不会因为运动或参加比赛而获得报酬。他们将运动作为一种个人的兴趣爱好。即便是那些以足球、网球、篮球或电脑游戏《英雄联盟》（League of Legends）为职业的人，他们中的大多数也达不到全球知名的程度。当然，你早就知道这个事实！但我们总是很容易忘记这一点，因为感觉太不真实。如果你是艾玛·拉杜卡努的粉丝，那么你读到的关于艾玛·拉杜卡努的故事，看到的关于她的图片，观看她参加的比赛的数量，可能比全球数百万的网球爱好者加起来还要多。

同样的道理适用于音乐家、作家或视频平台的创作者，你将只看到最特殊——通常是最好的，或最糟糕的那一群人，不管怎么样，必须是很独特的人才会脱颖而出。部分原因是抖音和油管网站的算法程序，倾向于以你浏览过的视频为基础，向你推送你可能会喜欢的同类视频。但这也是一个简单的算术问题：一个在油管上获得了一亿次观看的人，比100万个每人获得50次观看的人，获得的观看次数要多一倍。仔细观察油管上的视频，你会发现更有可能是某个顶级网红或主播吸引了所有人的注意力，所以当你想到"油管的创作者"时，只会先想到这些顶级流量，而不是数百万拥有原创频道，但却几乎无人观看的创作者。这个故事讲述的道理其实与达伦·布朗或许连续抛掷硬币数千次，但只给你看到他连续投出十次正面朝上的片段一样。

还漏掉了什么？

通过前面的故事，我们已经了解到，当我们只关注位于闪亮的聚光灯下面的东西，而忽略了那些隐藏在阴影之中或刻意对我们保密的东西时，可能会错过些什么。现在，我们需要去看看另一个盲点。

看不见的女性

造成这种盲点的一个可能原因是，收集数据的人，并没有足够努力将每个人都包括进来，又或者提出与不同性别的人相关的问题。例如，许多著名的心理学研究，只在实验中使用男性；许多新药只在男性身上测试，而不是女性。有时，研究人员是出于好意，希望保护女性免受危险的副作用影响；但有时，他们似乎认为女性不够有趣，或根本不值得研究。但结果证明，这种观点不仅在过去，乃至现在都依然存在。所以，在男女平等方面，我们的社会仍有巨大的提升空间。

真相侦探

卡罗琳·克里亚多·佩雷斯

卡罗琳·克里亚多·佩雷斯（Caroline Criado Perez）是一位作家和运动家，她的研究改变了许多人对妇女和数据的思考方式。

她早期的研究活动集中在符号上：为什么有那么多男人的雕像，而女人的雕像却很少？即便有女性的雕像，大多也是女王和代表"自由"和"正义"等符号的女性雕像：美国著名的自由女神像，展示了自由女神的风采。但那些展示了在科学、政治、医学或艺术领域做出鼓舞人心成就的真正女性的雕像并不多。那么，杰出的数学家埃米·诺特（Emmy Noether），或争取妇女投票权的埃米琳·潘克赫斯特（Emmeline Pankhurst），或诗人艾米莉·迪金森（Emily Dickinson）呢？（这还只是那些被男性轻蔑地缩略称为"艾XX"的知名女性）

为什么钞票上没有女性形象（除了女王伊丽莎白二世）？卡罗琳发起的这些运动赢得了很多关注，也带来了一些积极的改变：在最初的拒绝之后，英格兰银行宣布它将把小说家简·奥斯汀的肖像放在10英镑的钞票上。

然后，克里亚多·佩雷斯将注意力转向了数据。在一本名为《看不见的女人》（Invisible Women）的书中，她表明，我们收集的那些本应代表所有人的统计数据，往往只代表男性。有时，这是因为研究人员只研究男性；有时是因为收集数据的方式，不容易代表女性的生活。这本书吸引了很多人的注意，并斩获了很多奖项。感谢这本书的警示，许多统计学家和数据科学家开始意识到，他们需要提出更好的问题，以确保收集的数据能够代表所有人。

关于看不见的女性，另一个问题就是所有这些调研的问题都以男性为中心设计的。研究人员在非洲的乌干达开展了一项调查，询问受访者的身份是什么。大多数男性回复了他们具体的工作类型和职位，但许多女性的回答则是她们是妻子和母亲。后来，这个问题被改为询问受访者的主要工作和职责时，女性受访者会补充说，她们有一份可获得薪水的工作。仅仅是调整了提问的方式，调查就发现很多女性实际上是有工作的。

不可思议：压倒性的足球赛的案例

　　你是否注意到，足球比赛有蔓延到各个学校操场上的趋势？卡罗琳·克里亚多·佩雷斯就注意到了。如果你喜欢踢足球，这当然是一件好事。但如果你更喜欢其他类型的运动，又或者如果你是一个喜欢踢足球的女孩，而男孩们不让你玩，那么你能做什么？克里亚多·佩雷斯说，最常见的结果就是：踢足球的人（大部分是男孩）占据了大部分空间，而其他人（通常是女孩）最终被推到了小角落里。一个可行的解决方案，是刻意将学校操场划分为多个不同的运动空间，为足球保留一些空间，其他地方则用于不同的游戏，从翻筋斗到攀岩到"角色扮演"游戏。这是否更公平？这是否意味着女孩们会变得更活跃，获得更多的游戏空间？我们不知道。为什么我们不知道？因为我们还没有收集到关于操场分配问题的有效数据。

如果你有机会重新设计你的学校操场或当地公园的空间划分，你会怎么做？你会设计哪些问题，以及如何收集信息以了解是否每个人都能公平地使用这些公共空间？

1）当你在看一个伟大的成功故事时，问问自己是否也
看到了失败的例子。它们可能会给你带来一个截然
不同的视角和理解。

2）在你认为自己找到一个轻松致富的方法时，回想一
下土豆沙拉的离奇成功和纽约捣蛋鬼的失败。

3）我们很容易地认为，数字给了我们所有的线索，但
实际上有些线索是缺失的。问问自己，数据没有向
你展示什么信息，以及数据没有统计哪些人群。

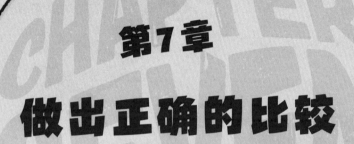

第7章

做出正确的比较

MAKE THE
RIGHT
COMPARISIONS

拥有从地球到月亮再绕回来那么多的钱！

　　40多年前，当时的美国总统罗纳德·里根（Ronald Reagan）发表了一个关于美国国债的演讲（国债指的是政府所借的钱的总额），在1981年，美国的国债眼看要达到一个非常庞大的数字：1万亿美元。

　　1万亿美元！

哇哦！这是一笔超级庞大的钱！

　　但到底有多大？里根总统试图举例解释：

　　"1万亿美元，将等于一叠高达67英里的千元大钞。"

　　从那时起，人们就开始用借用里根总统的"一大叠美元钞票"的表述指代超大的金额。例如，亚马逊公司的亿万富翁创始人杰

夫·贝索斯拥有如此多的钱，它将是一大叠长达1,1000英里高的美元钞票。哇哦！最近，美国的国债超过了30万亿美元，如果以千元大钞堆叠，这就是一个可以接近月球的距离！哇哦！哇哦！哇哦！听起来超多！

但是，这样的比较真的有用吗？你已经知道月球距离地球很远，所以你会知道，一堆10美元的钞票堆叠起来，延伸到超过月球的距离，一定代表着数量庞大的金额。但你已经知道这一点了，不是吗？这样一来，你不需要了解很多的数学知识，也能够知道30万亿美元是一个**巨大**的数字。

如果我换一个参照物呢？如果我说，这堆钱一直延伸到太空，而不是到月球呢？如果说这堆钱一直延伸到太阳，而不是到月亮呢？你的感觉会有所不同吗？

也许并不会。因为这些比较听起来都像是表达了一个庞大的数字。但实际上这些不同的参照物之间存在巨大的区别。太空通常被

认为距离地球62英里远，也就是相当于100公里，所以人们会因为喜欢这个整数而选择太空作为参照物。月球与地球之间的距离接近24万英里，即超过39万公里，这是一个超级远的距离。那么太阳呢？地球和太阳之间的距离，几乎是1亿英里，或1.5亿公里！

所以里根总统的这个比喻实际上没什么用，因为对于不了解具体差异或数据的人而言，"延伸到太空"，与"延伸到月球"或"延伸到太阳"的区别并不大。但考虑到它们之间真实的距离差，这就等于62英里和1亿英里之间没有差别，但两个距离可差得远呢！

62英里和1亿英里之间肯定存在巨大的差异，就好像62秒差不多就是1分钟，而1亿秒接近3年！再比如，我告诉你，我会给你一笔钱做生日礼物，62便士并不多，但1亿便士，就是100万英镑，这可是**一笔巨款！**

然而，"延伸到太空"和"延伸到太阳"之间的区别并没有那么清晰。一开始，人们觉得用延伸到外太空这样的比喻来形容一大堆钱，似乎十分清晰和生动。但实际上，它们并不能帮助我们清楚地看到问题。因为它们的本意，就不是让人们看清问题，而是为了吸引我们那个古老而愚蠢的大脑卫士的注意力，让它们感到兴奋或愤怒。这些都是虚假的线索，用生动但毫无意义的比较来分散我们对真相的注意力。

当然，我们可以做得更好，如果你想要成为一个聪明的的真相侦探，就需要知道如何进行正确的比较。合理的比较将帮助我们更清楚地看到世界的本质，而糟糕的比较只会让我们陷入困惑。那么，什么样的比较才是好的比较呢？与其用"成堆"的美元钞票来衡量美国的债务，不如用……平均到每个人头上的债务来衡量？

　　按照这个逻辑，粗略算下来，美国的债务平均到每个人头上，大约是10万美元。这可是一笔很大的债务！对于很多成年人来说，这个比较提供了足够的信息，让他们能够意识到债务的庞大！但我们还可以将它们变得更加生动，这笔钱相当于美国人平均两年的总收入！

　　两年的总收入！现在，你可以想想这对你来说意味着什么。你在两年内能赚多少钱？假设你每周能得到5英镑的零花钱，两年大约有100周，所以就是500英镑，想象一下，你不小心弄坏了一台价值500英镑的游戏机，妈妈告诉你，你必须自己用零花钱来买一台新的。然后你就会知道，**在接下来的两年里，**你需要把得到的每一分钱都存起来，用来买这台新的游戏机！是不是很痛苦！

125

最有效的比较，就是把你熟悉的东西与你不熟悉的东西联系起来。例如，一只恐龙有多大？愚蠢的比较，是给出一个巨大的数字。例如，你可以说一只霸王龙的重量大约是5000万根火柴棍的重量！这是真的，但并不一定有用！它没办法帮助你真正理解霸王龙有多重。大多数人对火柴棍的重量，除了"轻"之外，没有太多的概念。所以这种比较，实际上只是在说"一个很重的东西，和5000万个很轻的东西一样重"。这种比较毫无用处，光是读到它就令我感觉愚蠢之极！

因此，用我们熟悉的事物来做比较效果会好很多。比如，一只霸王龙的重量跟4辆汽车差不多；它的长度比一辆双层巴士还长。你已经知道，汽车很重，巴士很长，那么你现在可以开始想象，如果看到一只霸王龙在街上朝你走来，会是什么感觉！忘掉那5000万根火柴棍！赶紧跑吧！

里程碑数字

如果一个好的比较是将你知道的东西与你不知道的东西联系起来，那么你就需要尽可能收集更多的东西，构成一个已知事物的大集合。事实上，真相侦探的工具箱里就应该包括一个里程碑数字的集合。

作家安德鲁·艾略特（Andrew Elliott）推广了里程碑数字的概念，下面是几个例子：

里程碑数字

- 美国的人口是3.3亿人；英国的人口为6500万；而全世界的人口接近80亿。

- 说出任何一个60岁以下的特定年龄。不管是哪个年龄，在英国，这个年龄段的人有近100万。

- 绕地球一圈的距离约为4,0000公里。绕过两极还是绕过赤道的距离或许会有所不同，但差别不大。

- 从爱丁堡到伦敦大约有643公里的车程。从纽约到旧金山有将近4,800公里的车程。

- 一张床大概2米长。这能够帮助你想象一个大房间的大小：大约是多少张床的长度？

- 美国一年中制造的所有东西的价格全部加在一起，约为25万亿美元（或25,0000亿美元）。在英国，这个总价大约是2.5万亿英镑，或2,5000亿英镑。

- 381米：帝国大厦的高度（约100层）。

LANDMARK
NUMBERS

你不需要记忆上面的任何一个里程碑数字，因为你可以随时在书中或网上查到这些数字。但就我个人而言，我喜欢在脑子里装上一些里程碑数字，因为每当我听到一个不太熟悉的数据时，可以随时将它与我脑子里的某个里程碑数字做个比较，以便帮助我理解不熟悉的数据。

记住里程碑式的数字，能够帮助你进行良好的比较。而良好的比较，是帮助我们了解世界的一个最佳线索。

粗心大意的祖母

每当我的祖母看到我，她都会感叹："天呐，你怎么长这么大了！"这的确有点令人尴尬，我想我的确很快长大了。但我朋友的祖母就从未对他说过这样的话，难道是因为他一直没有长大吗？

完全不是：他跟我一样都在成长，所以问题来了：为什么我的祖母总是能够注意到我的成长和变化，而我朋友的祖母却从未注意到呢？

答案很简单：我的祖母住在离我们很远的地方，我们并不怎么经常见面。每次见面间隔的时间很长，所以在祖母眼中我的变化很明显。但我朋友的祖母住在他家隔壁的一个公寓里，他们几乎每天都能见面。所以她从来都不会说："天呐，跟昨天相比，你今天长大得好明显！"因为一个人不可能一天之内突然长高很多，所以她的反应也挺正常（所以说，如果你不想听到亲戚们为你的成长速度而大惊小怪，就多去看看他们吧）。

如果你每天都检查线索，你看到的东西会与你每年检查一次线索得到的东西不同。虽然我的祖母错过了关于我的日常新闻，就像我朋友的祖母那样，但朋友的祖母也错过了我的祖母看到的一些东西。比如，每一天我的朋友都会长高一点点，但这个身高的变化并不明显，他的祖母完全看不出来。但我的祖母很容易就发现我长高了，因为我可能在一年里长高了好

几厘米。

这其实也是一个关于**比较的参照物**问题。我的祖母将我某一天的身高与我一年前的身高做比较，而我朋友的祖母，则将他的身高与前一天的身高做比较，这样一看，他的身高似乎没有改变过。从比较的角度来思考这个问题，你就会意识到，有时候看的次数少了，反而能够看到更多的东西。在传统纸媒上发布的新闻，严格来说，都是昨日的新闻：这些新闻故事都是关于前一天发生的所有有趣或值得关注的事情。报纸将这些事情汇聚到一起，排版然后连夜印刷，大清早地送到你的家门口或当地的商店发售。

但并不是所有的纸质报纸都是每天出版的，到了互联网时代，不同的网站和电视新闻频道试图对正在发生的事情做实时报道。对它们而言，"有什么新鲜事儿"往往指的是"正在发生什么事情？"或者"在过去的半小时里，发生的最重要的事情是什么？"。

然后是英国的报纸，如《英国青少儿新闻周刊》(Week Junior)、《商论》(Economist)和《第一新闻》(First News)，这些报纸每周出版一次。就像我的祖母与我朋友的祖母相比那样，一份周报与一份日报，或以小时为单位播出的电视新闻节目相比，会提出不同的问题，得到不同的答案。那么，新闻的定义是什么？是否应该取决于我们提问的频率是一小时、一天或一周呢？

我们接受的教育通常将更快视为更好，"现在发生了什么？"是一个与"这周发生了什么？"或"今年发生了什么？"完全不同的问题，但这并不意味着它总是更好的问题。有时候，放慢脚步反而能够令我们学到更多。

50年一期的报纸

想象一下，一份50年出版一次的报纸将谈论什么？我们经常在报纸上看到的那些"新闻"，或将变得没有意义，不值得登上这份报纸，更别提那些关于名人的八卦、音乐排行榜或电视节目的评论。即使是那些看似严肃的新问题，比如人们是否能够找到工作，或考试成绩如何，甚至是哪些政治家会在选举中获胜，放到50年的跨度来看，或许都会变得不值一提。而关于足球比赛的正版新闻也将变得毫无用处，比如下面这条新闻：

曼联队
和利物浦队
大获全胜！

在你将50年才出版一期的报纸视为一个愚蠢的想法之前，不妨想一想，如果这是真的，它可能会报道什么样的故事。50年一次的报纸头条会写什么？一个可能的标题是：关注儿童死亡问题。这是一个令人心碎的问题，但的确很多婴儿在幼年就夭折了，并且人数还不少。

想象一个可以装下30个孩子的教室，里面摆放了30套桌椅，但在100年前，这些座位会有10个是空的，因为在全世界，每30个出生的孩子中，就会有10个活不到上学的年纪，因为那时候存在太多的疾病，但治疗这些疾病的方法又太少。

50年前，尽管已经大大改善，但情况仍然很糟糕，在一个30人的教室里，会有3—4个空位。

如今，空位的数量已经下降到一个。曾经导致很多家庭悲痛欲绝的疾病，现在已经变得非常罕见。婴幼儿的死亡率变得更低了。这是一个令人振奋的消息！

每日印刷出版的报纸，可能不知道要如何报道这个好消息，因为以每天发生的事情为报道的基础，这种跨越了百年的好结果对它而言显得并不时新。但随着时间的推移，婴幼儿夭折率的逐步降低已经成为世界上最重要（也最精彩）的一个故事。在我们这份虚构的50年出版一期的报纸中，它可以并且值得成为头版头条新闻！

也许你会觉得，这份50年一期的报纸，看起来会比常规的报纸更欢快。我想你可能是对的，因为坏事往往在突然之间发生，而很多好事（比如疾病治疗方法的研发，或新科学知识的发现，或为受压迫的人群争取人权）都需要很长的时间才可实现。因此，如果你习惯每个小时或每天都浏览新闻，或许会产生一种错觉，即每小时/每天只有坏事会发生。但如果你学会放眼长远，就会逐渐意识到，好事也在发生（这显然更重要，影响也更深远）。因为好事发生的速度往往太慢，普通跨度的报纸无法捕捉到它们，但如果你能够后退一步，看一看更长远的历史，就会发现，我们的社会一直在进步，对很多人来说，很多事情的确是变得更好了！

以贫困问题为例，世界上有多少人生活在极端贫困之中？回想一下我们在第3章提过的，来自布隆迪的卡布拉家庭。他们就是生活在极端贫困中的家庭的一个例子。生活在极端贫困中的人，经常要忍饥挨饿，他们可能有一个容身之所，也许是一个单间小屋，没有自来水、没有独立的卫生间，也不通电。

50年前，全球大约一半的人口不得不生活在这样的恶劣环境中。如今，只有十分之一的全球人口仍处于极端贫困，这是一个天翻地覆的转变，脱贫工作为数十亿人带来了更好、更安全、更舒适、更有尊严的生活。但是，如果你需要为一份每日发行的报纸撰写一篇关于脱贫成就的新闻，你会如何写呢？你可以写：

据估计，昨天有15.4万人摆脱了贫困！

这是一个事实，在过去的30年里，它一直都是，但它不是一则新闻。

哲学家芝诺（Zeno）关于飞矢的悖论

关于什么可以算作是新闻，而什么不算新闻的争论，让我想起来一个著名而历史久远的悖论。

芝诺是古希腊的一位哲学家，生活在大约2500年前。在他最著名的一个观点中，他要求我们想象一支箭在空中飞行。现在想象一下，将时间冻结在一瞬间，看看飞在半空的箭是否在移动。飞箭没有移动，因为它在被冻结的瞬间没有任何时间可以移动。在时间为零的情况下，没有任何东西可以在任何地方移动。

然后，芝诺说，飞箭在空中的移动过程不就是由无数个冻结的瞬间组合而成的吗？那如果飞箭在任何一个瞬间都是静止不动的，这支箭全程都没有移动，所以永远也无法射到靶子上。

芝诺提出的这个悖论，引发了长久的争论。如果你的第一反应是，"这也太荒谬了。在你射箭的时候，箭当然会动起来啊"，那么……好吧，我同意，所以芝诺的逻辑一定在某个地方出了错。

在我看来，这一切的错误，归根结底就是**错误的比较**。如果你将飞箭现在的位置与飞箭在同一时间的位置进行比较，那么你当然看不到运动的证据，但如果你允许一些时间的流逝，再去比较飞箭的位置，就会发现它已经朝前移动了。同样的道理适用于气候变化和脱贫的工作，甚至适用于我朋友的祖母，因为她没看出孙子日复一日的变化和成长。有时候，看得太频繁，不允许足够的时间流逝，你可能就会错过一些不明显的线索。如果你可以更耐心一点观察，这些线索就会变得显而易见。

话说回来，如果报纸是50年出一期，那么这种大规模摆脱贫困的成就必然会成为头条新闻。你可能会看到：

贫穷成为历史！

50年一期的报纸可能会将其当成头条新闻。但这个表述并不正确，因为全球仍有很多人生活在极端贫困之中。但这几乎是一个事实，也许脱贫的成就已经真实到足以让一个兴奋不已的报纸编辑把它放在头条报道。

这是个很有趣的假设，不是吗？在一份日报或周报上，摆脱贫困并不是什么新闻，但在一份50年出版一期的报纸上，这或将是最伟大的故事，而且也是令人振奋的新闻！

然而，50年一期的报纸并非只会报道好事儿，关于气候变化的新闻将是坏消息，标题可能是"啊！烧煤原来是个糟糕的做法！"。在过去的50年里，我们已经意识到，燃烧煤炭、石油和其他化石燃料的行为可能会改变气候，并且已经能够测量到地球的温度正在逐年攀升。每日或每周发行的报纸发现很难报道与气候变化相关的新闻，是因为气候变化并不是一夜之间发生的，每日可观察的进程也不明显，我们只能看到天气的即时剧烈变化。通常情况下，关于气候变化的故事，往往只能以科学报告，或气候变化大会，或类似格雷塔·唐伯格这样的运动者为主题。这固然是一个很好的做法，但想要知道气候变化的真实故事，请翻开50年才发行一期的报纸。

机

理解真相的关键在于做出正确的比较。

1) 你会经常听到人们进行夸张的比较，如一直延伸到月亮上的成堆美钞。这些比较可能会让你的大脑卫士感到兴奋，但它们会导致注意力的分散。

2) 一个好的对照参考是将你理解得很好的东西与你理解得较差的东西进行比较。这就是我们理解世界的方式！

3) 你可能需要在脑海中记下一些里程碑数字，从所在国家的人口，到床的长度等等。将这些里程碑数字记到脑子里，能够帮助你更快、更聪明地思考听到的新鲜事物。

4) 即使你不想记住这些里程碑数字，也可以随时查找它们，帮助你找到好的比较对象。

5) 记住两个祖母的不同表现带给我们的经验教训！如果你每天都在看同样的东西，可能会错过重要的变化，无论是你朋友的身高、智能手机的屏幕，还是地球的气候。以1年，或10年，或50年为周期的比较，可能会给你提供与最重要的故事相关的更好线索。

6) 如果你只记住一个比较，也许应该是这个：蝙蝠侠的重量相当于5275块福瑞德青蛙巧克力。

SECTION THREE
第三部分

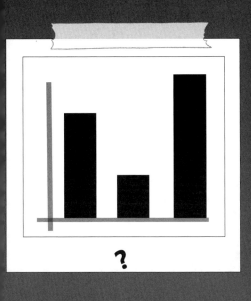

如何破解
谜题

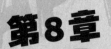

第8章

用饼状图开启
一场变革

START A
REVOLUTION WITH
A PIE CHART

现在，你已经养成了真相侦探的思维模式，也获得了真相侦探需要掌握的技能，下面我们一起探讨如何处理一些最具挑战性的案例。如果你认为自己已经破解了一个谜题，却没有人相信你做到了，怎么办？又或者你甚至不知道如何开始调查，因为你没有任何线索或头绪，又要怎么办？不要担心，即使是这样的问题，也是可以解决的，请将你的真相放大镜放在触手可及的地方，然后继续往下阅读。

弗洛伦斯·南丁格尔的秘密经历

对大多数人来说，弗洛伦斯·南丁格尔（Florence Nightingale）是作为一名护士而闻名的，在新冠肺炎疫情期间，英国政府甚至以她的名字来命名急救医院。但对真相侦探来说，南丁格尔之所以如此出名，还有另一个原因：她是第一个真正了解到这个道理的人，即通过将数据转化为图形，你不仅可以了解世界，而且可以改变世界。

但是，南丁格尔想看到什么变化呢？这一切都始于19世纪50年代的战时医院。大英帝国当时正与俄国交战，南丁格尔负责管理一些军事医院。

当时的条件非常糟糕：医院没有足够的医疗设备来治疗伤兵，政府甚至没能提供足以饱腹的食物。南丁格尔称她的医院病房为"地狱王国"。她写道，在英国国内，人们几乎不知道事情有多糟糕。霍乱等疾病造成的死亡人数，远远多于子弹或刺刀造成的伤口带来的死亡。每天，南丁格尔和她的护理团队不得不眼睁睁看着士兵在她们眼前死去。

几个月后，南丁格尔得到了政府提供的一些支持。一支来自伦敦的清洁队伍来到这里，他们的任务是彻底清洁医院、消毒墙壁、清除成堆的人类粪便，他们甚至从一个巨大的污水管中发现并清除一匹死马，而这条污水管正渗入最大医院的饮用水。多恶心啊！在清洁队完成工作后，医院的确变得更干净、更快乐，但南丁格尔也相信，医院变得更安全了，因为死在医院里的士兵变少了。

对俄战争结束后，弗洛伦斯·南丁格尔回到了伦敦。她有两个任务：第一，了解战地医院为什么发生了这么多灾难性事件；第二，说服整个世界吸取教训[1]。

---

1 当弗洛伦斯·南丁格尔回到伦敦时，维多利亚女王为她提供了肯辛顿宫的一些豪华房间。那里后来成为威尔士王子和公主、威廉王子和凯特·米德尔顿的官方住所。但南丁格尔却选择在伦敦一家廉价酒店租房，她在那里设立了一个办公室，开展研究和宣传活动。她觉得，如果她住在皇宫里，会有太多的访客和各种干扰。如果有人告诉你可以住在皇宫里，你能想象自己的回答是"对不起，我不想让自己的工作分心"吗？

弗洛伦斯·南丁格尔的真相调研团

第一个任务听起来很简单。医院里的伤兵不是因为病菌感染而死亡吗？当然是这样，但在1855年，弗洛伦斯·南丁格尔并不知道这些，其他人也同样不知道，因为关于病菌的科学研究直到几年后才真正开始。

相反，南丁格尔仔细收集了士兵死亡的数据，并统计了他们是死于受伤还是死于疾病（这并不是一件简单的事情：在南丁格尔出现之前，英国军队根本没有记录伤亡人数和原因的良好习惯，因此没有人真正注意到死亡的原因）。这些数字证明了我们现在视为常识的一个事实：清除医院里的动物尸体和成堆的粪便可以挽救很多人的生命。

弗洛伦斯·南丁格尔和一个由真相侦探朋友们组成的调研团队不断收集有关军队和普通人的疾病和健康的信息。她的发现令她感到恐惧：很多士兵因为疾病而英年早逝，特别是在人口密集的城市。

英格兰当时的首席医疗官约翰·西蒙（John Simon）博士将传染病描述为"生活在每个文明国家里的人过早死亡的一个原因"，但他补充说，这种死亡"实际上是不可避免的"。他可是整个英国最资深的医生！他说："哦，好吧！人们总是死于疾病，但我们对此无能为力，不是吗？"

但弗洛伦斯·南丁格尔坚信这是错误的理念。如果英国能够清理其医院、军营和穷人不得不借以栖身的破旧棚屋，那么许多人的生命就可以得到拯救。在英国对俄的战争中，她收集了一些令人信服的线索，表明这样的做法在战时医院是行之有效的。如果这个方法在战时医院行得通，那么在其他地方是不是也能取得同样的效果？

"在任何地方，大自然都是一样的，"南丁格尔解释说，"它从不允许自己的法则被无视而不受惩罚。"换句话说，如果一个肮脏的战时医院导致了无数士兵的死亡，那么回到国内，一个肮脏的环境也会导致很多人丧命。

因此，弗洛伦斯·南丁格尔的第二个使命——改变世界——意味着她将不得不与西蒙医生和其他有权有势的人——包括医生和将军——开战。这些人认为现状完全不需要改变。弗洛伦斯很幸运，她的武器箱里有一个非常不寻常的工具：饼状图。

弗洛伦斯·南丁格尔1820年出生于意大利的佛罗伦萨（她的妹妹帕蒂诺普出生在帕蒂诺普。我不太确定，如果她们出生在巴恩斯利和伯明翰，她们的父母会不会也用这两个城市给她们取名）。

在那个很少有人甚至很少有女孩上好学校的时代，弗洛伦斯是幸运的：她的家庭很富有，且父母决心尽可能为孩子提供好的教育。弗洛伦斯对数学特别感兴趣：9岁时，她在花园里收集了有关水果和蔬菜的统计数据，并将它们整理成一张数据表。十几岁的时候，她遇到了来家里吃饭的一些重量级数学家。例如，设计出早期计算机的查尔斯·巴贝奇（Charles Babbage）。她最终成为一名护士，但在结束了战地医院的服务之后，她对仔细收集数据的热爱，将成为她的超能力。她从未忘记，这些统计数据描述了她所在医院中，身为独立个体的每个士兵的死亡。在灾难性的战争之中，这些士兵似乎常常被人遗忘，只变成了统计表格上冷冰冰的数字，但南丁格尔亲自给每一个死亡士兵的家庭写了一封信。放眼大局是重要的，但每个

弗洛伦斯·南丁格尔

人也是重要的，南丁格尔清楚地知道这一点。

在英国的对俄战争中，弗洛伦斯得了重病，35岁时险些丧命，她从未从这场重病中完全康复，之后只能带病工作，她通过在卧室里写信，来完成她的大部分工作。最后，她活到了90岁，亲眼见证了自己的想法如何改变了世界。

如何劝说英国女王给予关注

南丁格尔面临的问题很简单：因为她是个女人，人们不把她的意见当回事。她当然有很好的声誉，她是在英国对俄战争中照顾英国士兵的圣人护士。除了当时的英国女王维多利亚，她或许是整个大英帝国最有名的女人。而且她有一些有权有势的朋友，包括颇有影响力的政治家和科学家。但在当时，她依然是一个生活在以男人为主宰的世界里的女人。南丁格尔是一位著名的护士，但这并不意味着将军或医生会听从她的想法。这让人感到愤怒，但她找到了一个解决办法。1857年圣诞节，她写信给一位朋友，解释自己将如何在这场思想和观念的斗争中获胜。她要把收集到的统计数字变成图片，这些数据图表将讲述一个没有人可以忽视的故事。她还说，她将把这些图表裱起来，挂在高级医生和将军的墙上。

她甚至还打算将这些数据图片寄给维多利亚女王，以及欧洲各地的其他国王和女王，议会大厦的首席医学专家，还有每份报纸和杂志。维多利亚女王很忙，不怎么有时间读书。但南丁格尔认为，女王可能会对她的报告破例：她可能会看一看，因为它带有图片。

如何让数据看起来更漂亮

以图片形式呈现数据在现代人看来十分普遍了，你可能还需要在学校里，按照老师的要求，制作柱状图或饼状图。类似的图表在百科全书里随处可见，装点了新闻故事，并在社交媒体上疯传。它们这么受欢迎的理由是：它们看起来非常科学，同时非常美观。它们看起来像是硬核事实和视觉效果的完美平衡和结合。

但是，早在19世纪50年代，当南丁格尔为她的清洁运动而战时，统计学家通常只会列出长长的表格，里面填满了密密麻麻的数字，令它看起来既无聊又复杂。而她选择用画图而不是表格的形式呈现数据，这是一个不同寻常的做法，赋予了统计数据新的表现力，也让弗洛伦斯·南丁格尔改变了世界。

如果你想要改变世界，你将改变什么呢？你希望人们以不同的方式去做什么？想一想你可能需要收集的信息，也许你的梦想是一些非常日常的东西，比如你觉得每一盒聪明豆（一种名牌巧克力豆）应该装更多糖果。也许是一个区域性的问题，比如控制每天早上经过你家社区的汽车的数量。也许是一个全球性的问题，比如气候变化或战争。你会需要用到什么数据，以及你能够如何将它们转化为既有说服力又有吸引力的图片？

让我们看看弗洛伦斯·南丁格尔是如何做到的……

死亡玫瑰图

弗洛伦斯·南丁格尔最有名的图表，名为"英国东部军队死亡原因图"，但通常被称为"死亡玫瑰图"。它不是有史以来第一个数据可视化的案例，但的确是一个比较早期的创意和应用，而且是一个产生了巨大影响的图形。在它诞生的160多年后，现在数据可视化已经无处不在：有在社交媒体上分享的简单图形，有动画图表，甚至有三维互动的可视化动图，你在里面可以像电脑游戏的世界一样移动。这些图形可以显示各种数据，从严肃的（如2020年新冠肺炎病例在全球蔓延的图形）到有趣的（如显示英格兰和威尔士所有主要板球场地的形状和边界距离的互动图形，或显示一包聪明豆或M&M巧克力中所有不同颜色巧克力分布的图形），数字以图片的形式得以生动地呈现。

南丁格尔的图形是这一切灵活应用的鼻祖，它发表于1859年，就在约翰·西蒙博士宣布因传染病死亡是不可避免的同年。

东部军队死亡原因图

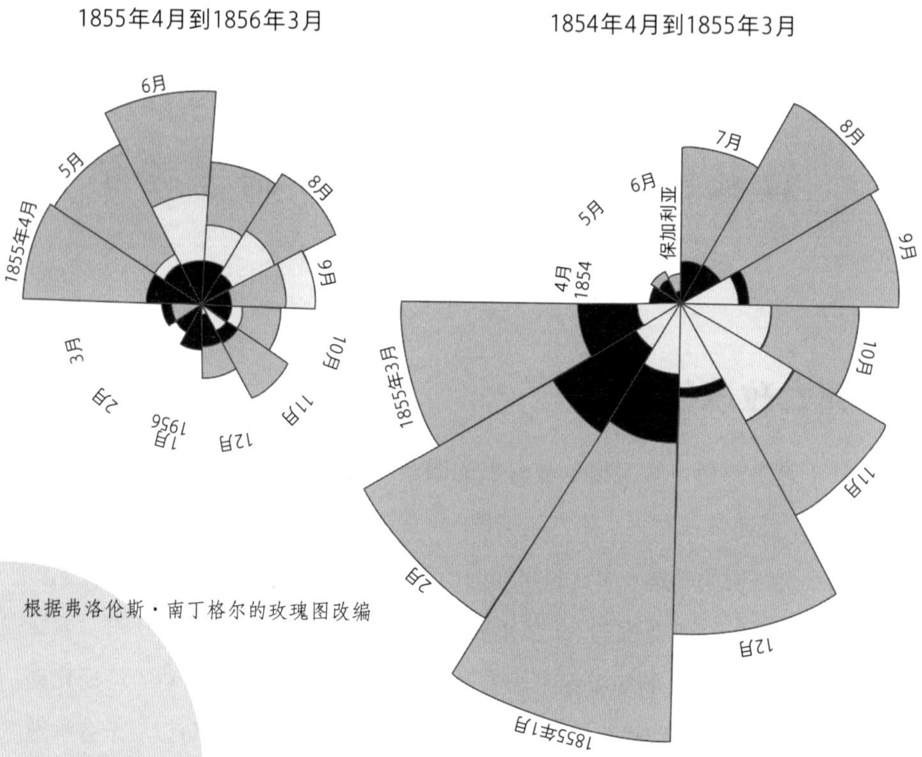

1855年4月到1856年3月

1854年4月到1855年3月

根据弗洛伦斯·南丁格尔的玫瑰图改编

这张图是更复杂的饼状图，图中的每个小块分别代表了与俄国战争的不同月份，左右两张图都包含了12个小块，分别代表了一年的12个月份。事实上，右边的大图代表了战争的第一年的情况，而左边的小图则是第二年的情况。每一个小块的不同颜色和大小，分别代表了当月死亡的士兵人数：白色块代表死于受伤的士兵人数，黑色块代表死于事故的士兵人数，而灰色块则代表死于感染疾病的士兵人数。

你可以通过图清晰地看出两点内容：第一，疾病是最大的杀手，因为死于疾病感染的士兵人数，远远超过了死于子弹或剑伤的士兵；第二，大部分死亡发生在战争的第一年，第二年情况明显好转。

这就是弗洛伦斯·南丁格尔想要讲述的故事，一个包含了前后两个部分的故事：故事的前半部分是一个悲剧，充满了由疾病引起的死亡；故事的后半部分是一个英雄式的恢复，死亡人数大大减少。这就充分而简单地证明，疾病造成的死亡是可以预防的！这个故事的两个部分，通过图表的设计，得以完美地分割开来。

还有什么重要因素呢？清洁队。他们清洗了战地医院的墙壁，运走粪便，清除水源中的动物尸体。

清洁队是在战争第一年结束时抵达的，这意味着南丁格尔的死亡玫瑰图中的左右两个图形，能够以清洁队抵达的时间为界限，轻易地打上**之前**和**之后**的标签。这就让整个故事的转变和走向变得清晰可见。弗洛伦斯·南丁格尔的反对者们惊恐地发现，他们开始在争论中败下阵来。

图形与大脑卫士相遇 —— 要小心！

当你作为真相侦探开展工作时，在遇到特别赏心悦目的图表时，要格外小心。因为你要知道，有些图表是刻意做得很漂亮来愚弄你的，还有一些则是粗心大意的拼凑结果，造成了意外的误导。

人们习惯了依据图表做出快速的判断，有时候甚至显得有点武断。一项研究发现，很多人会在看到一个图形的短短半秒内就得出一个看法。半秒，这个时间甚至不够你去理解图形表达的内容，但你的大脑却认为时间已经足够你去给出一个判断，比如"真乱啊！"或是"哇哦，真漂亮！"。其他的研究则发现，如果证据以图形的形式，而不是填满了数字的表格形式呈现，人们会更容易被说服。还记得我们在前面几章提过的大脑卫士吗？大脑卫士尤为喜欢漂亮的图片。

考虑到我们会很快根据图形做出判断，我们就要学会放慢脚步，听从本书提出的建议。问问自己：我的大脑卫士是否已经被一张漂亮的图片迷惑了？组成这幅图形的数字背后是什么？观察的镜头指向了哪里？会不会已经指向了错误的方向？图形中是否缺少了本该包含的数据？不要轻易地被漂亮的图形愚弄，因为有些图形可以拯救生命、改变世界，而有些图形则有可能刻意地想要诱导读者产生错误的想法。

不是所有的图形都能说明问题

如果你想说服他人相信自己的观点，图形可以为你提供帮助。作为一名真相侦探，你一直在学习如何从周围的数据中搜集线索，而弗洛伦斯·南丁格尔在仔细收集数据方面的表现也非常出色。在她与反对者产生争论并试图胜出时，她表明自己在通过数据讲述故事方面的能力也同样出色。

毕竟，她设计的死亡玫瑰图并不是一个显示数据的常规方式，因为更常见的图形是柱状图。但是，如果你将她给出的数据以柱形图呈现，可能讲述故事和比较问题的效果就没那么显著了。

下面这张柱状图使用的数据与南丁格尔在死亡玫瑰图中使用的数据相同，但可能会取得截然不同的效果。事实上，在你花时间仔细地研究这幅柱状图之后，才会开始意识到南丁格尔是多么的聪明，而且是不显山露水式的聪明。从柱状图中，你会发现在最冷的月份，12月、1月和2月，死亡人数非常多，情况非常糟糕。但你同时也会注意到，情况在3月份（清洁队到来之前）已经开始好转。

这可能会让你想要提出其他问题，比如"真的是清洁队带来了转变吗？"又或者，"这些疾病有没有可能是因为冬季恶劣的气候引起的？"

即使我们现在已经知道，南丁格尔的猜测是正确的——这些疾病的确是由病菌引起的，并且清洁队的确通过清理病菌而拯救了无数生命——但按照柱状图的显示，这些数字本身没有很大的说服力。因为它们太复杂了，难以迅速理解。于是乎，她提供了一点帮助，绘制了一个能够讲述故事的图形，你能怪她的创意吗？

这幅柱形图改编自休·斯莫尔（Hugh Smal），他在论文《弗洛伦斯·南丁格尔的曲棍球棒曲线：死亡玫瑰图想要传递的真正信息》中提供了原图。

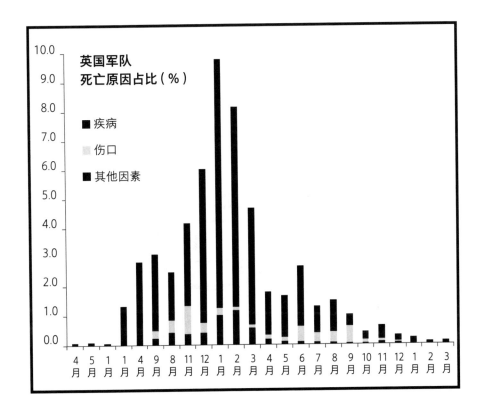

最终，南丁格尔赢得了这场争论，英国政府出台了新的法律，确保人们拥有更清洁的水、更清洁的居住环境和更清洁的空气。人们的寿命逐渐延长，疾病逐渐减少。科学家们也发现了病菌的存在，并证明南丁格尔关于良好卫生条件的很多想法一直都是正确的。

甚至约翰·西蒙博士也悄悄地改变了自己的观点，这就是图形能带来的转变力量。

正确的数据可以拯救生命。当理查德·多尔和奥斯汀·布拉德福德·希尔发现吸烟与肺癌等疾病之间的联系时，他们已经证明了这一点。而早在一个世纪前，弗洛伦斯·南丁格尔的创意也证明了这一点。

在下一章中，你将会学习如何在线索匮乏的情况下，制作自己所需的数据。

秘诀、技巧和工具

保密信息
☆

1）图形可以迅速吸引人们的注意力，一旦你拥有了这种注意力，就可以利用它来发送一个强有力的信息。

2）如果你要画一个图形，不妨先考虑一下这个图形要讲述什么故事（如果你的图没有讲好故事，也许你需要一个更好的图）。

3）如果你正在阅读图形，要小心！你的大脑卫士通常喜欢漂亮的图形，因此容易被迷惑。学会放慢脚步，好好思考。

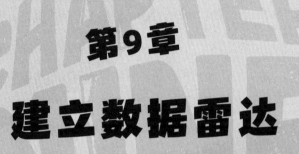

第9章

建立数据雷达

HELP BUILD
THE STATISTICAL
RADAR

信息就是最好的武器

1935年的欧洲，弥漫着一股人人自危的气息，因为第一次世界大战的可怕屠杀刚过去不久，随着阿道夫·希特勒（Adolf Hitler）德国的军队重建，许多人感到紧张，觉得第二次大战将会很快降临（第二次世界大战确实很快发生了）。

因此，人们对如何利用最新的科学理念开发新武器产生了浓厚的兴趣。英国空军想知道是否有可能开发出某种"死亡射线"，用科学的力量击落来袭的德国轰炸机！。于是英国空军咨询了科学家罗伯特·沃森·瓦特（Robert Watson Watt）这是否可能。

沃森·瓦特向他的同事斯基普·威尔金斯（Skip Wilkins）提出了一个听起来异想天开的问题：如果你有4升水，而你想把水从37摄氏度加热到41摄氏度，你要怎么做？再假设，你在半英里或更远的地方，能用无线电波做到这一点吗？你可能需要使用多少能源？

斯基普·威尔金斯非常清楚，一个成年人的身体，在37摄氏度的温度下，含有4升的血液。他还知道，将血液的温度从37摄氏度提高到41摄氏度可能会杀死一个人，并且一定会使他晕倒。斯基普很快就发现，罗伯特·沃森·瓦特正在考虑使用无线电波来制造一种武器——**死亡射线！** 这才是他的真实想法！

但他们两人都知道，实现这个想法的希望相当渺茫，因为要投射出足够强大的射线，在轰炸机飞行员控制飞机时真正击倒他，需要的能量太大。

但斯基普·威尔金斯认为他可以制造出更好的东西。不久之后，两个人就开始着手努力研发可以替代死亡射线的杀伤性武器。

他们研究的目标，不再是向来袭的飞机发射死亡射线，而是发出一个比这弱得多的信号，并仔细地研究飞机反射回来的信号。如果他们的设想没错，他们可以通过向空中发射这种无线电波，探测反射回来的电波，计算出是否有飞机来袭，以及如果有飞机来袭，有多少架飞机，它们飞行的速度有多快，以及它们瞄准的目标是什么。这比虚幻的死亡射线要更有用，因为它预先提供了信息，即敌军轰炸机正在靠近的预警信号，并且事实证明这个做法非常有效。威尔金斯和沃森·瓦特开发的东西很快得到了一个如雷贯耳的名字：雷达。

仅发明了雷达技术是不够的，整个英国的空军还必须联合起来作战。他们为此创建了一个名为"本土链雷达网"（Chain Home）的雷达基站网。当德国在1940年开始轰炸英国时，这些雷达站为即将到来的攻击提供了早期预警。防御飞机可以在敌机抵达之前就保持待命状态，然后在正确的时间和正确的地点投入反击行动。在雷达的帮助下，即使是一小部分防御部队，也能击退敌军大波的空中攻击，而他们也确实做到了。

德国科学家也开始研究雷达，但德国当时的领袖阿道夫·希特勒对开发攻击武器更感兴趣，而不是为防御者收集信息。

雷达不是死亡射线，与子弹和炸弹不同，它从未直接伤害过任何人。然而，在许多人看来，雷达是第二次世界大战中最

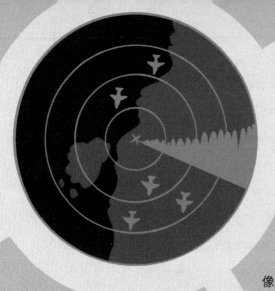

重要的一项技术！因为当一个威胁正在逼近时，它能够准确地帮助军队锁定威胁的具体位置。

希特勒犯了一个严重的错误，他没有意识到像雷达这样的技术具备多大的重要性。但我们自己国家的领导人也经常犯类似的错误，认为获得好的信息并不是很有趣或很重要。后来，事实证明他们错得离谱。

如何拯救数百万人的生命

2020年新冠肺炎疫情的暴发改变了世界各地人们的生活，这一点已经变得很明显。就像几十年前的雷达先驱斯基普·威尔金斯和罗伯特·沃森·瓦特一样，两位医学研究者对如何反击这场疫情有一个聪明的想法。他们将大量的精力和注意力投入到对抗病毒的超级武器——疫苗——的研发中去。但与威尔金斯和沃森·瓦特一样，这些医学研究人员也想到了一个替代计划。与威尔金斯和沃森·瓦特一样，他们的计划也要求制造更好的信息。

其中一位研究人员是马丁·兰德雷（Martin Landray）教授。当他与一位同事乘坐一辆红色的双层大巴士穿越伦敦时，他讨论了正在快速到来的可怕疾病浪潮，他解释了人们即将面临的巨大挑战：

在世界各地，人们都会因为严重的疫情感染而挤满医院。当然，世界各地的医生也都会试图通过药物治疗来帮助确诊病患。但考虑到新冠肺炎疫情是一种全新的疾病，没有人知道哪些药物能够发挥作用。因此，病人们有时候会好转，有时候会恶化，而且没有人真正知道哪种药物发挥了作用，或哪种药物根本没用。兰德雷决定与另一位教授彼得·霍比（Peter Horby）联手解决这个问题。

霍比和兰德雷有一个令人惊讶的简单想法：全球联合起来。与其让医生们分散且随机地尝试可能有用的药物，不如让医生们联合起来，用计算机精确地随机分配那些可能有用的药物，通过测试最终找出有用的那一种。当一个感染了新冠肺炎的重症患者抵达医院时，关于他的详细资料将被输入电脑，计算机程序会随机推荐4种有可能治愈新冠的药物中的一种，或有时候只推荐**安慰剂**（placebo）。

之前

随机的治疗措施

  按照霍比和兰德雷的计划，医院处理新冠确诊患者的做法跟以前一样：有一群医生、一群确诊病患和一些药物。与之前一样，人们在尝试这些药物时，并不确定它们是否真的有效。但在霍比和兰德雷的可控随机测试系统下，因为使用了计算机随机分配治疗方法并仔细跟踪结果，之前的医疗猜测变成了**科学实验**。这将帮助医生们迅速发现哪些药物有效，哪些无效。随着更多信息的发现，无用的药物可以被停止，新的可能的治疗方法可以得到尝试。

之后
刻意设计的随机治疗方案

这个"全球联合起来"的计划，被称为"康复"（RECOVERY），并且"康复"（RECOVERY）试验在短短几天内就组织起来了。几周之后，实验就得出了初步的结果。当时很多人都在用一种药，主要原因是当时的美国总统唐纳德·特朗普称赞了这种药的效果。但"康复"（RECOVERY）的实验发现，这种药没有效果[1]！但同时发现另一种药物取得了令人难以置信的效果！更妙的是，它是一种物美价廉的药，不但容易制造、价格低廉，而且几乎可以在任何国家或地区的医院买到。

---

1 十分遗憾，但发现某物或某种方法无效，同样有着重大意义。如果你发现一些很有名的常见药并没有效果，那么这个发现不仅能够节约无用的支出，还能够帮助那些患者避免因为服用了无效药物而带来的副作用。并同时为通往寻找正确药物的道路扫除障碍。

后来，人们计算出，仅这种新的治疗方法就挽救了数百万人的生命。而"康复"（RECOVERY）试验一直在进行，不断调查和发现新的治疗方法。在新冠肺炎疫情暴发的第一年，在几乎没有可用疫苗的情况下，马丁·兰德雷和彼得·霍比通过有效地组织、利用信息，拯救了超过一百万人的生命[1]。

收集有效的数据可能是一个庞大而复杂的项目，但如果你能够先行一步，提前布局，或许能够降低难度。比方说，你想收集关于一管里有多少颗不同颜色的聪明豆的信息，可以买一包，打开它，然后数一数。但这并不会给你带来太多有用的信息。如果你能够买到100管聪明豆，获得的信息数量肯定比一管要"更好"[2]。

那么，你要怎么样才能收集到100管聪明豆的数量信息呢？好吧，你可以让学校里的其他人数一数自己买到的每一管聪明豆的颜色和数量，你可以建立一个在线填写的表格，让人们输入他们的结果。又或者，你甚至可以在学校创建一个由透明管子组成的三维聪明豆立体图，只要有人在每个管子中添加一种颜色糖果，就可以看到相应颜色总数量的增加。关键在于，你需要其他人的帮助，并且做到事先规划，这样你就可能收集到更多有效的数据。

---

1 我曾经有机会问马丁·兰德雷，拯救了一百万人的生命是什么感觉。他没有吹嘘自己的伟大成就，相反地，他咕哝着说，"没有想过自己的实验能够挽救这么多人的生命。"

2 这里的"更好"是指如果你能收集到更多的案例，就能得到更好的数据。但显然，有更多的巧克力可以吃，肯定比更少要更令人愉悦，但需要注意适度，不要因为吃得太多而生病了。

当然，一旦掌握了这些信息，就需要有人以一种容易找到和理解的方式来展示它，这就是弗洛伦斯·南丁格尔非常擅长的事情。而如果政府不愿意这样做，总会有人勇敢地站出来承担责任，正如我们即将在下文看到的那样。

神秘数据网站的案例

当疫苗科学家努力创造和测试疫苗，以及**"康复"**（RECOVERY）试验迅速为住院病人找到最佳治疗方法时，世界各地的公民都渴望获得信息：有多少新增病例？在我附近有多少新增病例？有多少人入院治疗？到了后来，当针对这种疾病的疫苗被开发出来时，人们的问题就变成：有多少人已经接种了疫苗？

居住在澳大利亚的人，和全球其他地方的人一样，有着同样的困惑。跟其他地区的人一样，他们也会上网检索相关数据和信息。不幸的是，这些数据相当混杂，因为澳大利亚的不同地区会在不同的时间和不同的网站上，以不同的方式报告相关信息。一个地区可能把可打印的文件放在网上，而另一个地区则选择在推特上发布数据，这导致人们很难比较来自不同地方的信息，或者探索所有这些数据体现的模式。因此，不久之后，澳大利亚人发现他们转向了CovidBaseAu，一个将所有混乱的数字集中在一起呈现的网站。关于疫情的动态，无论人们有什么问题，他们都可以在CovidBaseAu上找到答案。

这个网站将所有正确的数字集中在一起，并清楚地呈现出来，越来越多的人开始用它来获取信息。报纸、新闻网站和电视新闻会经常提到CovidBaseAu作为报道的信息来源。但一直以来，没有人想到，在这些数字背后有一个惊人的秘密。

　　突然有一天，三个青少年，韦斯利（14岁）、杰克（15岁）和达西（15岁），一起在推特上发布了一张接种疫苗之后的合影，并在推文中写道：

　　"今天我们三个经营@covidbaseau的人，杰克、韦斯利和达西，注射了第一剂莫德纳（Moderna）疫苗。我想这将是一个公开我们真实身份的好时机。激动的是，我们终于将被纳入我们自己统计的数据中！"

这是真的，为了庆祝接种疫苗，韦斯利、杰克和达西向全世界宣布，他们就是建立CovidBaseAu网站的人！

这是个了不起的故事！杰克最初发起这个项目，"只是为了好玩"，达西（他从7岁起就开始编程，负责编码）和韦斯利（全能选手，负责制作发布到社交媒体上的图片）随后加入了这个项目。就像最厉害的真相侦探蝙蝠侠一样，他们对自己的真实身份严格保密。每个人都认为这个网站是由一个成人专家团队建立的，而不是三个在校学生！

韦斯利、杰克和达西因为他们的匿名工作，吸引了很多粉丝，在他们曝光了自己的真实身份后，粉丝就更多了。一个医学研究组织为三人提供了兼职工作。这个故事激励了很多人，也可以给我们提供一些有用的经验：

- **第一**，即使你们不过是三个在读学生，如果你们足够努力，也可能创造惊人的壮举。

- **第二**，保持谨慎，不要盲目地相信任何原有网站提供的信息。CovidBaseAu的确提供了好的数据，但它也很容易提供坏的数据。实际上没有人知道这些数据背后的发布者是谁。互联网上有很多网站或社交媒体帖子说的东西都不是真实的，但人们还是往往会不假思索地分享这些谎言。

- **第三**，我们应该更认真地对待数据！令人难以置信的是，三个十几岁的男孩能比整个澳大利亚政府做得更好，他们能把可靠的信息汇集在一起，并清楚地展示出来。孩子们做到了——成年人却没有。这是孩子们的伟大成就，但是，整个国家的政府没能做得比几个孩子更好，这是不是有点令人尴尬？

数据危机和如何解决这个问题

说到那些在新冠肺炎疫情暴发期间没能有效地收集和发布信息的政府，澳大利亚政府并非个例。许多政府的工作都不尽如人意。例如，在美国，美国卫生部门使用的系统如此过时和老旧，以至于他们还依赖传真机来分享新冠肺炎确诊病例的相关数据。

在英国，住在养老院的老人是感染新冠肺炎的高危人群，但英国政府实际上不知道每个地区到底有多少人住在养老院里。美国也存在类似的问题，在新冠肺炎疫情刚刚暴发时，甚至很多人不知道美国到底有多少家医院。

这些问题看起来非常不合理，难道搞清楚有多少人住在养老院里，或一个国家总共有多少家医院，不是一件简单的事情吗？这么说吧，我们无法确定这是不是一个简单的问题，因为没有人做过统计，有用的数据不会自己冒出来，然后自动排列成整齐的表格供人查阅。必须有人去做这些琐碎的数据收集和整理的工作（就像弗洛伦斯·南丁格尔所做的那样），并将其转化为有用的形式（就像杰克、韦斯利和达西所做的那样）——否则我们根本不知道发生了什么事。

不幸的是，人们很少注意到有效信息的重要性，往往只有在有人出人意料地做了一件非常酷的事情时才会注意到——比如杰克、韦斯利和达西，又或者当事情出现严重错误时[1]。

---

1 这里的"严重错误"指的是什么？哦，比如说英国的医疗保健系统没有记录到1.6万确诊病例的追踪情况。这又是怎么一回事呢？这些确诊的病患本应该知道自己确诊了，就需要居家隔离，避免传染他人。但是，他们并没有收到来自卫生部门的通知，因为存储相关信息的计算机内存没有空间了，这些确诊的病患信息被自动删除了（并且是默认删除，没有给出任何提示）！造成这个严重问题的原因其实很简单，就是计算机程序的编码问题。

　　这次席卷全球的新冠肺炎疫情暴露了各个国家在数据收集方面的诸多问题。但我们也从中吸取了教训。例如，各国政府开始意识到，分析大便可以追踪新冠病毒的传播，以及其他类型疾病的传播轨迹。因为感染了新冠病毒的人的大便里，能够检测出冠状病毒，并且病毒会停留一段时间。因此，科学家们前往污水处理厂，因为特定地区的所有排泄物都会集中在这里处理。科学家们将对混合在一起的所有排泄物进行取样检测，看看是否存在任何可能导致新冠肺炎感染的冠状病毒。如果有的话，其浓度是多少。这样的检测结果，可以提供关于新一轮冠状病毒暴发的提前预警。这是在古勒罗斯这头奶牛之后，关于大便数据的第二次胜利！

杰克·芒罗为了解和改善贫困家庭的通货膨胀状况而开展的活动，是体现了数据收集的重要性的又一个例子（这个例子来自前文第2章）。多年来，通货膨胀率一直很低，没有人担心贫困家庭是否遭遇了经济方面的困难。但是一旦物价开始上涨，杰克就开始大声疾呼民众对这个问题的关注了。

　　这是每个人都会做的事情：当我们需要的数据不存在时，大声地抱怨。但我们也可以：

主动获取自己想要的数据。

　　杰克·芒罗用她的维姆斯靴子指数做到了这一点；杰克、韦斯利和达西也同样做到了，他们把一堆无法使用的官方数字转化为一个任何人都可以使用的、有组织的查询网站。

如何获得自己想要的数据？

　　首先，假设你对学校提供的饭菜不够满意，因为没有足够多的菜式可以选，也没有为素食者提供足够好的选择，食堂饭菜的质量也不好，提供的奶油冻都是结块的。

171

你会怎么做？

收集证据：花一个星期或更长的时间，记录学校食堂到底提供了多少种不同的菜式。在掌握了足够的细节信息之后，你就可以开始寻找合理的分类，例如：热的/冷的；肉的/蔬菜的；结块的奶油冻/没有奶油冻等等。

仔细分析：是否每周会有几天不提供素食选择？又或者一周中的哪些天的饭菜特别难吃，或特别好吃？如果你能读懂数据中的模式，你可能会发现一个特别的问题，或找到一个可行的解决方案。

合理比较：你是否有朋友或兄弟姐妹在不同的学校就读？他们的学校提供的饭菜有什么不同吗？他们有更多的选择吗？如果每所学校都同样糟糕，你就需要发起一场全国性的食堂改革运动。但是，如果你能证明自己的学校比其他学校差，就可能会让校长更快地做出改变的决策。

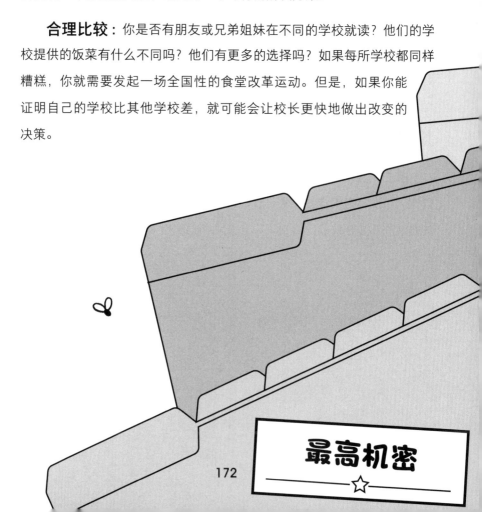

最高机密

1）记住斯基普·威尔金斯的见解：有效的信息，是你能拥有
的最厉害的武器。

2）有时政府在收集信息方面的表现非常糟糕，一些青少年反
而可以做得更好。如果你已经是，或者打算成为这样一个
青少年，这就是一个巨大的机会。

3）当没有人在收集有效的数据时，你可以通过收集自己的数
据，给人留下深刻的印象。收集你能收集到的一些信息，
对其进行细致的分析，并进行合理的比较，不久之后，你
可能就会像弗洛伦斯·南丁格尔一样，引发一场变革。

4）如果你做了一件拯救他人生命的事情，不要吹嘘，保持低
调和谦逊。

第10章

分享你的好奇心

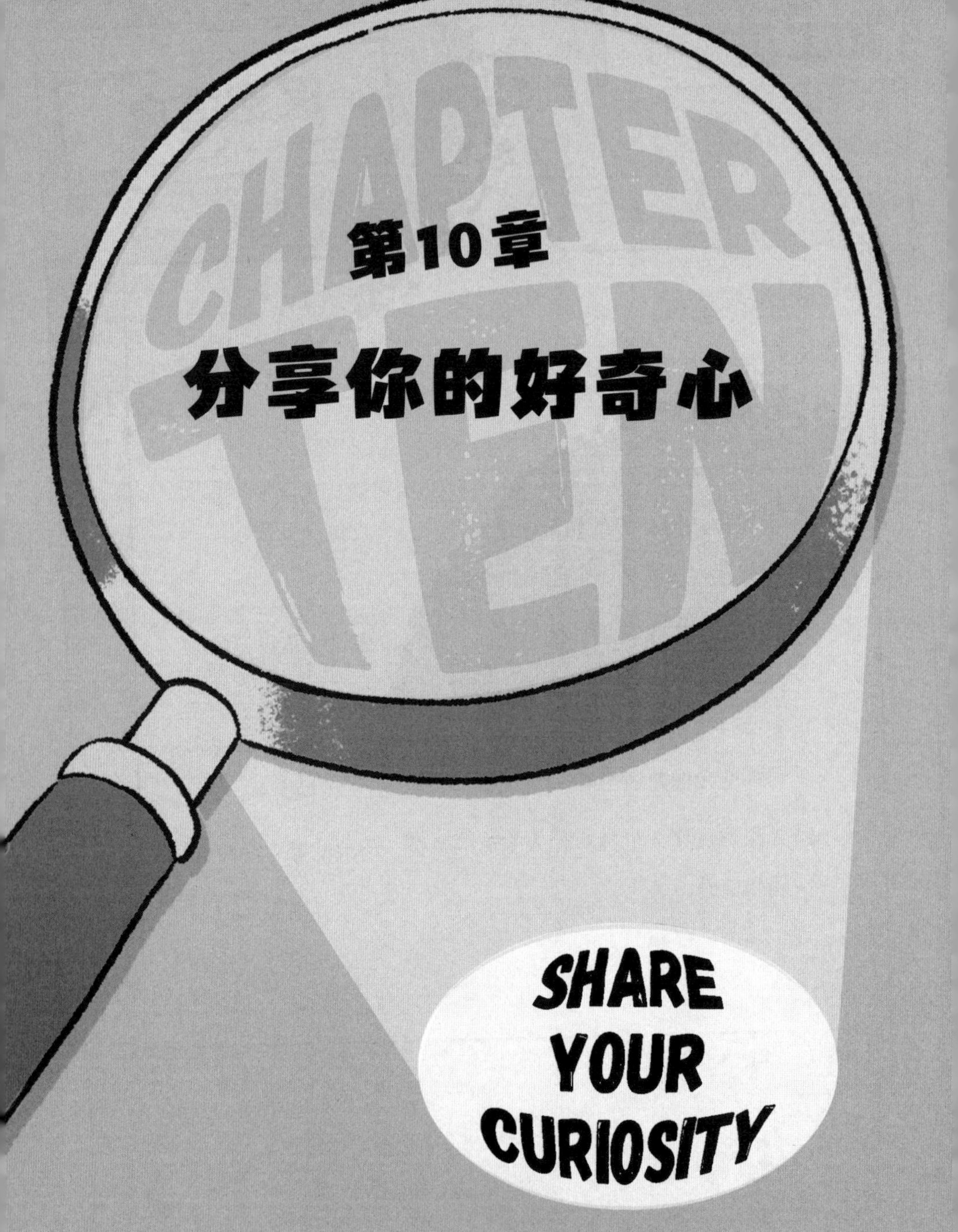

只看到己方的立场

许多年前，两位科学家，艾伯特·哈斯托夫（Albert Hastorf）和哈德利·坎特里尔（Hadley Cantril）向一些学生播放了一段大学足球比赛的视频。观看视频的学生分别来自两支足球队代表的大学，所以他们自然会强烈地支持本校的球队，而反对另一方的球队。这是一场极为粗暴的比赛，出现了很多罚球，其中一支球队的队长被打断了鼻子，而另一支球队的队员断了一条腿。鉴于这些暴力行为都不应该在足球赛中发生，人们开始争论这到底是哪一方的错。坐在同一个房间里观看同一段录像的学生们，却出现了截然不同的感受和判断，这往往取决于他们站在哪一边。

两位科学家向学生们提出了一些问题，了解他们都看到了什么。在一所大学的受访者中，一半以上的学生认为这是一场公平的比赛，尽管非常粗暴，但的确是公平的。而另一所大学的受访学生则几乎没有人认为比赛是公平的。就粗暴行为是哪一方球队先挑起的这个问题，双方也各执一词。学生们总是觉得对方犯规的次数比己方更多。

你自己可能也发现过类似的分歧，尤其是如果你曾经和支持对手球队的朋友一起现场观看过体育赛事的话。

然而，类似的对立与分歧并不仅仅发生在足球迷身上，受到这次针对足球比赛的研究的启发，一些科学家后来决定给受访者播放一段关于政治抗议的视频。这段视频没有提及任何前因后果，观看视频的人不知道为什么人们要抗议。研究人员再次提出了类似的问题：在你看来，这些抗议者是平静、和平的吗？还是你觉得他们具有侮辱性、是可怕的，甚至是暴力的？

然而，在播放这段政治抗议的视频之前，研究人员告诉一部分受访者，抗议活动的参与者是为了支持自己衷心热爱的事业，告诉另一部分受访者，这些人参加抗议活动是为了表达对某事的强烈反对意见。

　　你或许能够猜到，在事前获得了截然不同信息的受访者，在观看完抗议视频后，也得出了截然不同的结论。如果他们接受到的信息是这些人都是为了热爱的事业而抗争，他们就认定抗议者是和平的。但如果他们认为这些人都是在强烈抗议自己不喜欢的东西，那么受访者就会表示自己看到抗议者在惊声尖叫，欺负和羞辱他人。就好像上面的足球案例一样，哪怕

看到的是同样的视频，人们也从中解读出不同的信息，这完全取决于他们所站的立场，他们到底支持哪一方。他们的大脑卫士发挥了重要作用，不仅拒绝让不同的想法进入大脑，或选择对其视而不见，甚至还影响到了人们能够亲眼看到的东西。

这很可悲，如果我们都能够坐下来，与持有相左意见的人心平气和地理性对话就好了。但这往往很难，因为我们和对方一样，都让懒惰的、情绪化的大脑卫士发挥作用，过滤可以进入我们头脑的信息。如果我们看到了同一个视频，却看见了不同的东西，我们究竟要怎么样，才能够在不生气或不困惑的情况下冷静地讨论彼此的分歧？

幸运的是，这样的分歧有一个解决方案，你是否好奇它到底是什么？我希望你拥有探知真相的**好奇心**。

科学家们发现，好奇心强的人更不容易顽固地为自己一方的论点辩护，我不太清楚为什么（尽管我非常好奇地想要知道），这可能是因为，当你与一个好奇心很旺盛的人意见相左时，他们可能会发现你持有不同意见本身就很有趣，而不是将其视为威胁。

双方之间的争辩可能是这样的：

多么糟糕的比赛，这么多的
犯规和作弊行为。

我不知道你为什么要抱怨，你们的
球队才是犯规很多次的人。

你到底在说什么？
所有人都看得见，你的球队才在作弊呢！

双方可能会一直这样争论下去。双方说的话可能都不太好听，也没什么用。因为在这样情绪激烈的争辩中，没人会因为对方说的话而改变自己的想法。但如果争论的一方充满了好奇心，那么可能辩论的走向就完全不同了。

多么糟糕的比赛，这么多的犯规
和作弊行为。

这确实看起来很糟糕。我想知道
为什么会有这么多犯规。

我想一切的争端都始于你们球队队长的那个
可怕的挑衅行为，他应该被罚一张红牌。

有意思，我记得情况好像不是这样的。
我们可以看一下回放吗？

178

是不是完全不一样了？在第二段对话结束时，双方的意见仍然可能存在分歧，但至少他们学到了一些东西，而不仅仅是针锋相对。有可能他们中的一方真的会改变自己的想法和立场，但即使他们选择坚持己见，第二段对话显然也是一次更友好、更有趣的交流。这就是好奇心的双重力量：它不仅帮助我们改变自己的想法，也可能帮助其他人改变他们的想法。

优秀的侦探，从夏洛克·福尔摩斯到马普尔小姐，再到欧杜琳·布朗，总是充满好奇的。当你具备了好奇心时，你就会知道有一些你之前不知道的东西，即自身知识储备的某个盲区或缺口。这会促使你睁大眼睛，对线索保持警觉，总是先提出问题。夏洛克·福尔摩斯几乎从不犯错，但在"股票经纪人秘书的冒险"这一案件中，他被打了个措手不及，有人差点因此而丧命。为什么夏洛克会犯这个错误？因为他暂时停止了好奇心：他认为自己已经了解了案件的一切信息，他不再提出问题了。非常罕见！但他也只犯过这一次错误，再也没有第二次了！

真相侦探

斯蒂芬·科尔伯特（Stephen Colbert）看起来不太可能成为真相侦探：他是一个美国喜剧演员，因塑造了一个疯狂、愚蠢和持有极端政治意见的媒体从业者人设而闻名[1]。

斯蒂芬·科尔伯特

但科尔伯特非常了解作为真相侦探需要面临的挑战。正是他发明了"TRUTHINESS"（主观真实性，即来自内心，自以为真实的真相）这个词，来描述当我们确信某件事情是真的时候——当我们向其他人坚持认为它是真的时候——不是因为有线索或证据，而是因为它给人的感觉是对的。

真相侦探总是在寻求有证据证明的真相，但我们的大脑卫士却更喜欢凭感觉得到的所谓"主观真实性"。

---

1 但这一切都是他扮演出来的形象。我曾有幸参加过一期他主持的电视节目《科尔伯特深夜秀》。他在后台是一个非常友好的人。他对我解释说，"节目开始之后，我必须要扮演好角色。我这个角色就是个白痴。他一无所知，也没有读过你写的书"。随后，他进入了角色状态，在我的化妆室门外大喊："哈福德，我今天要彻底将你击溃！"

科尔伯特了解事实真相和主观真实性之间的区别，他让政治变得有趣，同时，在激发观众的好奇心方面，他也表现得非常出色。例如，美国的政客们往往会得到大量的钱来支持他们的竞选活动，这往往意味着他们更关注那些给钱的人，而不是普通的选民。这似乎很糟糕。但这是个令人困惑的问题，大多数人很难理解这些钱到底从哪里来，以及竞选的规则到底是什么。

　　斯蒂芬·科尔伯特在节目中以一种有趣的方式，向观众解释了这个问题。他宣布自己要竞选总统，并请专家来参加他的喜剧节目，教他如何秘密地筹集资金，让他可以随心所欲地花钱。科尔伯特的玩笑式总统竞选持续了几个月，观众在观看他用钱做的那些离谱的事情的过程中，就逐渐理解了现实生活中的竞选。

　　后来的一项研究表明，观看科尔伯特主持的同名节目《科尔伯特报告》（The Colbert Report）的观众，比严肃的报纸和杂志的读者更了解政治中的金钱如何发挥作用。科尔伯特的表演，激发了人们对一些重要的事情感到好奇。因为这份宝贵的好奇心，人们获得了自己想要了解的信息。

宇宙的秘密
（或者说是冲水马桶的秘密）

我们如何才能鼓励其他人保持好奇心？

斯蒂芬·科尔伯特很幽默，这当然是有用的方法。但这里有另一个可能有用的技巧：向他们提问。

让我首先提问你一些问题：

你知道冲水马桶是如何工作的吗？

拉链扣呢？

或者十字弓？

如果用1—7分来评价你对这些事情的认识，你会如何评价？如果你问人们这些问题，他们往往认为自己很懂。然后，如果你给他们一支笔和一张纸，让他们画一张图并加以解释，他们就不知道从何着手了。如果我让你画一张冲水马桶的图，并确切地解释它是如何工作的，你能做到吗？

现在就试试吧……试过自己行不行，再继续往下读。

下面是两个关于冲水马桶工作原理的解释。

第一种解释在知识量表上可能得1分或者2分（满分7分），至少这个人知道如何使用马桶，知道马桶长什么样子。

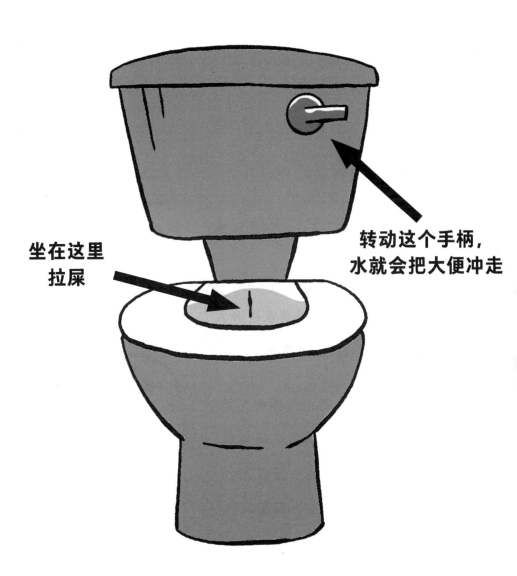

坐在这里
拉屎

转动这个手柄，
水就会把大便冲走

　　下一页的第二个解释会得到7分（满分是7分），因为它包含了所有关
于马桶的机械原理，以及它如何运作的科学原理的重要细节。（你的解释
更接近于哪个解释？你觉得自己能拿到3分吗？也许是6分？）

1.冲水手柄连接到……

2.一个阀门，阀门打开，将水从水箱中释放到……

3.马桶的边缘，这意味着水在流入马桶时，会对马桶进行清洗。

4.这是S形弯管，它总是蓄有足够的水，以防止从下水道传来恶臭味。随着更多的水从水箱流入，水位上升，直到达到S形弯管的边缘。这就产生了虹吸效应，将大部分的水从水箱里吸出来：水箱上面的气压比管道里的气压高。

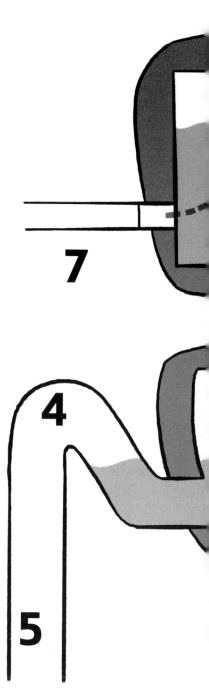

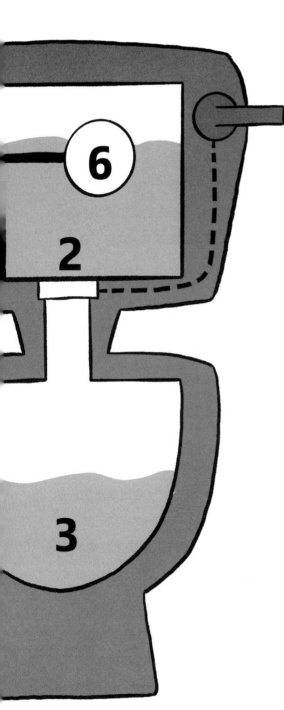

5.污水被吸到下水道里，而从水箱流下来的最后一点干净水则留在S形弯道里。

6.这就是塑料浮球。当水箱中的水排空时，它就会落下，并倾斜一个杠杆，打开……

7.一个球阀，让水涌入并重新填充水箱。浮球将再次上升，并关闭供水。马桶水箱已经重新蓄满，随时可以再次使用。

有时候，人们会非常顽固地维护自己的观点，坚称自己知道那些他们根本不懂的东西。有时候，这个问题很容易解决，比如人们争论的焦点是哪位足球运动员进球最多，你可以轻松地在互联网上查到相关数据，发现真相……

但人们就是不愿意承认自己的错误，甚至不肯承认自己有可能犯错的事实，这就是上文关于拉链、十字弓和冲水马桶的提问的神奇之处。因为当你给一个人递上纸笔，并要求他们画图解释时，首先他们会意识到他们自己并不像想象中那样了解某种事物，然后他们会更愿意承认这一点。

我将这个转变称为"魔术"，因为人们会直接坦白说，"哦，是的，我想我真的不知道自己在说什么"。人们往往会变得固执，**尤其是**在与他人争辩时，会盲目地相信自己的知识储备。但是，如果你采取的策略不是针锋相对，而是谦虚地说，"请告诉我更多信息吧"，对方可能反而会意识到，他们实际上了解的程度并不如自己想象的那么深。

同样的道理不仅仅适用于日常可见的拉链头和冲水马桶，事实证明，复杂的政治理念的分歧也可以同样处理。人们可能会因为支持或反对某项政策而大喊大叫，但如果你要求他们解释它是如何运作的（而不是去辩驳其好坏，仅仅是告诉你它到底是怎么回事），他们可能就会遭遇难题。而当他们说不清楚时，可能会愿意承认，也许他们不应该如此固执己见。这将让他们开始意识到，他们并不像自己想象中的那样了解某项政策。（当然，也有可能他们根本不纠结，因为他们的确**非常了解！**这也没关系，如果你碰巧向一个非常了解政策的人提出了一个问题，也不必惊慌，大可以放松地聆听对方的表述，因为你也可以从中学到**很多东西！**）

问问对方怎么想，往往会使他们的思想更开放，不那么盲目自信。即使这两个目标都没有达成，提出类似的问题也是有礼貌而善意的，它至少表明你关心对方怎么想。如果你能够礼貌地向对方提问，并认真地聆听对方的回答，那么就更有可能与对方开展良好的对话，避免不必要的争执。

同时，向自己提问也同样重要。我是否真正明白自己在说什么？我的知识差距在哪里？我想让别人回答什么样的问题？保持这种好奇心十分重要！

如何探知真相

现在，你已经了解了探求真相的思考过程和结构，并认识到大脑里的保护装置会阻碍你注意到正确的线索。你已经知道，自己需要保持聪明和灵活性，并且知道统计数据可以是一个了解真相的重要镜头，就好比一个放大镜，但将镜头对准哪里也很重要。你发现，有时候你需要依赖于个人的经验做判断，也需要充分利用统计学的镜头发现的线索。

你知道如何批判地观察、判断已有问题、条件或各种标签、事实、统计数据，以及使用图形来讲述你想要表达的故事。

但最后的建议，有可能是最重要的建议是，如果你想要持久地发现属于自己的真相，就要时刻保持好奇心。如果其他人不同意你的观点，不妨转换思维，不要执着于试图说服对方，而是可以提出开放性问题。在一问一答之中，对方可能学到一些东西，但更重要的是，你可能会因此了解一些之前没有掌握的知识，发现新的有用信息。尽管专注于你认为自己已经知道的东西很容易，但探索未知会更有趣！

　　这个世界是一个神奇的地方，充满了无数尚未破解的谜题。勇敢地探知真相吧，你有机会去探索生命中遇到的所有谜题。

词汇表

确认偏误：当我们脑子里有一个先入为主的想法时，我们会寻找那些证明我们是正确的理由和证据，并下意识地忽略那些可能证明我们错误的东西。

相关性：当一件事与另一件事同时发生时，我们认为二者之间存在相关性。相关性可以是重要的线索，但也可以是"红鲱鱼"干扰因素。如果你认为相关的关系是真实的，你仍然需要弄清楚原因。

数据：一个信息流的集合，通常是一个数字群的集合。

虚假新闻：看起来像真正的新闻报道，但只是为了获得大众的关注而编造的故事。当然，真正的新闻报道并不总是正确的，但记者必须遵循新闻调查的标准，来判断、发表他们报道的事实。发现并证明、揭示某个事件或新闻为假同样有着极为重要的意义。记住达莱尔·哈夫的教训——启发人们质疑真相与让人们相信谎言有着一样的力量。

安慰剂：在医学试验中，人们往往因为觉得自己得到了治疗而获得更好的身体、心理体验。因此，当研究人员试图衡量一种新药是否有效时，他们往往会将其与接受安慰剂药片的人进行比较，而不是与没有接受任何治疗的人进行比较。

统计数据/统计学：为了测量或计算我们周围世界的事物而收集的数字；或组织和研究这些数字的学科。

统计学家：收集和分析统计数据的人。主动探知真相的人有时会自己收集数据，但通常他们会使用官方的统计数据。

主观真实性：当某件事情感觉是真实的，或我们希望它是真实的时，即使没有充足的证据证明它的真实性，我们也会相信它是真的。

致谢

感谢每一位给予我帮助的作家、学者、活动家、记者。

他们是：露丝·亚历山大（Ruth Alexander）、安贾娜·阿胡贾（Anjana Ahuja）、莫希特·巴卡亚（Mohit Bakaya）、朱莉娅·巴顿（Julia Barton）、阿纳尼奥·巴塔查里亚（Ananyo Bhattacharya）、埃丝特·宾特利夫（Esther Bintliff）、迈克尔·布雷斯特兰（Michael Blastland）、大卫·博达尼斯（David Bodanis）、英尼斯·鲍文（Innes Bowen）、阿尔贝托·开罗（Alberto Cairo）、安迪·科格里夫（Andy Cotgreave）、凯特·克劳福德（Kate Crawford）、卡罗琳·克里亚多·佩雷斯（Caroline Criado Perez）、肯恩·库基尔（Kenn Cukier）、瑞安·迪利（Ryan Dilley）、安德鲁·迪尔诺（Andrew Dilnot）、安妮·埃伯顿（Anne Emberton）、理查德·芬顿·史密斯（Richard Fenton Smith）、巴鲁克·菲施霍夫（Baruch Fischhoff）、沃尔特·弗里德曼（Walter Friedman）、爱丽丝·菲什伯恩（Alice Fishburn）、汉娜·弗莱（Hannah Fry）、冯凯撒（Kaiser Fung）、丹·加德纳（Dan Gardner）、考特尼·瓜里诺（Courtney Guarino）、安德鲁·格尔曼（Andrew Gelman）、布鲁诺·朱萨尼（Bruno Giussani）、本·戈尔达克（Ben Goldacre）、丽贝卡·戈尔丁（Rebecca Goldin）、大卫·汉德（David Hand）、丹·卡汉（Dan Kahan）、丹尼尔·卡尼曼（Daniel Kahneman）、保罗·克伦佩勒（Paul Klemperer）、理查德·奈特（Richard Knight）、凯特·兰布尔（Kate Lamble）、比尔·利（Bill Leigh）、丹尼斯·利维斯利（Denise Lievesley）、米娅·洛贝尔（Mia Lobel）、艾琳·马格内洛（Eileen Magnello）、维克多·梅耶·施恩伯格（Viktor Mayer-Schönberger）、夏洛特·麦克唐纳（Charlotte McDonald）、林恩·麦克唐纳（Lynn McDonald）、丽

兹·麦克尼尔（Lizzy McNeill）、大卫·麦克雷尼（David McRaney）、芭芭拉·梅勒斯（Barbara Mellers）、埃罗尔·莫里斯（Errol Morris）、威尔·莫伊（Will Moy）、尼古拉·梅里克（Nicola Meyrick）、杰克·梦露（Jack Monroe）、杰克·莫里西（Jake Morrissey）、特里·默里（Terry Murray）、西尔维娅·纳萨尔（Sylvia Nasar）、凯茜·奥尼尔（Cathy O'Neil）、奥诺拉·奥尼尔（Onora O'Neil）、尼尔·奥沙利文（Neil O'Sullivan）、佐伊·帕格纳门塔（Zoe Pagnamenta）、马蒂·普林库·赖特（Matty Prinku-Wright）、罗伯特·普罗克特（Robert Proctor）、妮西娅·雷（Nithya Rae）、杰森·莱夫勒（Jason Reifler）、亚历克斯·莱因哈特（Alex Reinhart）、安娜·罗斯林·于伦（Anna Rosling Rönnlund）、马克斯·罗瑟（Max Roser）、汉斯·罗斯林（Hans Rosling）、亚历克·拉塞尔（Alec Russell）、本杰明·谢贝亨（Benjamin Scheibehenne）、赫坦·沙阿（Hetan Shah）、珍妮尔·谢恩（Janelle Shane）、杰基·霍斯特（Jackie Shost）、休·斯莫尔（Hugh Small）、露西·史密斯（Lucy Smith）、大卫·斯皮格尔哈尔特（David Spiegelhalter）、马修·赛义德（Matthew Syed）、菲利普·泰特洛克（Philip Tetlock）、爱德华·塔夫特（Edward Tufte）、理查德·瓦登（Richard Vadon）、马特·维拉（Matt Vella）、雅各布·韦斯伯格（Jacob Weisberg）、蒂姆·怀廷（Tim Whiting）、帕特里克·沃尔夫（Patrick Wolfe）、大卫·伍顿（David Wootton）、安德鲁·赖特（Andrew Wright）、弗兰克·韦恩（Frank Wynne）、杨爱德（Ed Yong）和杰森·兹瓦格（Jason Zweig）……感谢大家。

特别感谢出版团队：卡图纳·优素福（Kaltoun Yusuf）、劳拉·霍斯利（Laura Horsley）、皮普·格兰瑟姆·莱特（Pippi Grantham-Wright）、维多利亚·沃尔什（Victoria Walsh），以及插画作者欧利·曼（Ollie

191

Mann），他的插图准确地捕捉并丰富了我的想法。感谢我的代理人萨利·霍洛维（Sally Holloway）。

感谢我的孩子们，斯特拉（Stella）、阿芙利卡（Africa）和赫比（Herbie），他们帮助我更好地挖掘、阐释自己的想法。还有弗兰·蒙克斯（Fran Monks）。谢谢你们。